有色金属行业职业技能培训用书

电解精炼工岗位培训系列教材

镍电解精炼工

主　编　陈自江

副主编　张树峰　郑军福　卢建波

陈　涛　张本军

北　京

冶金工业出版社

2016

内 容 提 要

本书讲述了镍及其主要化合物的物理化学性质，电化学，湿法冶金电解过程，镍电解精炼，始极片的制作与加工，镍电解精炼阴阳极出装，镍电解精炼溶液循环，镍电解精炼电熔造液，镍电解精炼洗涤，镍电解精炼铜棒除锈，设备故障及维护，镍湿法精炼基础知识，电解镍产品质量标准，镍电解精炼主要经济技术指标。

本书可作为电解精炼工岗位培训教材，也可供有色金属冶炼企业工程技术人员、管理人员、企业实习的大学生阅读参考。

图书在版编目(CIP)数据

镍电解精炼工/陈自江主编. —北京：冶金工业出版社，2016.1

有色金属行业职业技能培训用书 电解精炼工岗位培训系列教材

ISBN 978-7-5024-7156-9

Ⅰ. ①镍… Ⅱ. ①陈… Ⅲ. ①镍—电解精炼 Ⅳ. ①TF815.04

中国版本图书馆 CIP 数据核字(2015)第 319504 号

出 版 人 谭学余
地　　址 北京市东城区嵩祝院北巷 39 号 邮编 100009 电话 (010)64027926
网　　址 www.cnmip.com.cn 电子信箱 yjcbs@cnmip.com.cn
责任编辑 杨盈园 美术编辑 杨 帆 版式设计 孙跃红
责任校对 卿文春 责任印制 牛晓波
ISBN 978-7-5024-7156-9
冶金工业出版社出版发行；各地新华书店经销；固安华明印业有限公司印刷
2016 年 1 月第 1 版，2016 年 1 月第 1 次印刷
787mm×1092mm 1/16；11.25 印张；269 千字；167 页
38.00 元

冶金工业出版社 投稿电话 (010)64027932 投稿信箱 tougao@cnmip.com.cn
冶金工业出版社营销中心 电话 (010)64044283 传真 (010)64027893
冶金书店 地址 北京市东四西大街 46 号(100010) 电话 (010)65289081(兼传真)
冶金工业出版社天猫旗舰店 yjgycbs.tmall.com
(本书如有印装质量问题，本社营销中心负责退换)

《电解精炼工岗位培训系列教材》
编 委 会

·前　言·

金川集团股份有限公司是集采矿、选矿、冶金、化工为一体的特大型跨国经营的企业集团。镍电解生产系统是公司最主要镍产品生产单元。镍电解一期工程于1964年开始建设，1966年7月建成投产。1978年以后，在金川科技联合攻关的推动下，对镍电解进行大量的技术革新和改造，尤其是1980年“硫化镍阳极提高电流密度、提高pH值”工艺试验成功，使镍精炼生产发生质的飞跃，跨入一个新的历史发展时期，1983年电解镍产量首次突破10000t，1990年初达到24400t。随着1990年5月一期镍电解扩建工程，1995年10月二期新建镍电解工程，2005年5月二期扩建工程，2007年7月新建三期镍电解工程，2012年新建成的6万吨镍电解项目先后投产，到2013年电镍生产能力达到14万吨。

为了培训职工，提高职工镍电解精炼理论知识水平、操作技能和工程技术人员技术能力，公司集中镍电解生产系统技术力量，编写了镍电解培训教材——《镍电解精炼工》，全书由镍的基础理论知识、电化学基础知识和镍电解各工序的工艺流程、基本原理、工艺配置、生产实践、常见故障及其处理、产品标准和技经指标等内容组成。全书用通俗的语言，讲述了镍电解精炼的基本知识，具有一定的实践性和应用性，能够较好地巩固和充实职工基础理论知识，从而达到指导生产、服务生产的目的。

本书是在公司镍电解精炼实际生产控制和操作实践经验基础上借鉴参考了相关培训教材编写完成的。主编陈自江，副主编张树峰、郑军福、卢建波、陈涛、张本军。其中工艺部分由郑军福、卢建波、陈涛、张本军、章毅、李瑞基编写，设备部分由赵重、丁丰荣、张鹏、宗鹏飞编写。参与本书编写工作的还有苏兰伍、周通、焦永超、赵秀花、张兴学。全书由卢建波统稿。

本书在编写过程中，承蒙各级领导和各位工程技术人员的大力支持，在此一并致谢。

由于编者水平有限，书中若有不妥之处，诚望各界人士不吝赐教。

编　者

2015年12月

·目　录·

1 绪　　论

1.1 概　　述

镍在世界物质文明发展中有着十分重要的作用。人类发现镍的时间不长，但使用镍的时间可一直追溯到公元前300年左右。我国最迟在春秋战国时期就已经出现了含镍成分的兵器及合金器皿。古代云南出产的一种“白铜”中，也含有很高的镍。1751年，瑞典科学家克朗斯塔特首次制取到了金属镍。直到19世纪末，由于产量有限，镍被人们视为贵金属，用以制作首饰。20世纪以来，人们发现了镍的多种用途及其在改善钢的性能方面所具有的独特功能，现代镍工业由此诞生并得到了迅速发展。

镍是一种银白色的金属。在公元前我国就知道使用镍锌、镍铜合金。国外于1775年制得纯镍，在1825~1826年间瑞典开始了镍的工业生产。当时，由于技术条件等因素的限制，镍的生产长期未得到显著的发展。直到发现将镍炼制成合金钢以后，镍工业才有了较快的发展，产量也迅速上升。1910年世界镍产量只有2.3万吨、1960年为32.55万吨、1980年为74.28万吨，2014年全球原生镍产量194万吨；消费量为190万吨。2014年中国原生镍产量预计为70万吨，消费量93万吨。随着我国经济发展速度的进一步加快和国民经济结构的调整，不锈钢行业、电池、电镀、触媒行业对镍的需求量将进一步增加。

1.1.1 世界镍资源

镍的矿物资源主要有硫化镍矿和氧化镍矿，再就是储存于深海底部的含镍锰结核。有关统计资料表明，至1990年，全世界已发现的陆地镍储量为5800万吨，储量基础为1.23亿吨，海洋锰结核矿的镍资源若以准边界品位估计，约有689万吨。在全世界镍储量中，硫化镍矿占了30%~40%，氧化硫矿占了60%~70%。主要分布在古巴、加拿大、俄罗斯、新喀里多尼亚、印度尼西亚、南非、澳大利亚、巴西、哥伦比亚、多米尼加、希腊、菲律宾和中国等国。在世界各国所产镍金属中，70%左右来源于硫化镍矿。

1.1.2 国内镍资源

我国已探明的镍矿点有70余处，储量为800万吨，储量基础为1000万吨，在世界上占第八位。其中硫化镍矿占总储量的87%，氧化镍矿占13%，主要分布在甘肃、四川、云南、青海、新疆、陕西等15个省、自治区中。其中甘肃省最多，甘肃省的金川镍矿已探明的镍储量为548万吨，占全国总储量的68.5%，其次为云南、新疆、吉林和四川，其镍储量分别占全国总储量的9.1%、7.5%、5.2%和4.5%。中国主要镍矿资源见表1-1。

金川镍矿则由于镍金属储量集中、有价稀贵元素多等特点，成为世界同类矿床中罕见的、高品级的硫化镍矿床。

表1-1 中国主要镍矿资源

名称		镍金属储量/万吨	矿石平均品位/%
含 $w(Ni)>0.8\%$ 的硫化镍矿	甘肃金川镍矿	548.60	1.06
	吉林磐石矿	24.00	1.30
	四川会理镍矿	2.75	1.11
	青海化隆镍矿	1.54	3.99
	云南金平镍矿	5.30	1.17
	新疆喀拉通克铜镍矿	60.00	3.20
含 $Ni<0.8\%$ 的硫化镍矿	陕西煎茶岭镍矿	28.30	0.55
	四川胜利沟镍矿	4.93	0.53
	云南元江镍矿	52.60	0.80
	其他	72.08	
总计		800.00	

1.2 镍及其主要化合物的物理化学性质

镍是元素周期表中第Ⅷ族的元素，其在元素周期表中的位置决定了镍及其化合物的一系列物理化学特性，镍的许多物理化学特性与钴、铁近似；由于与铜比邻，因此在亲氧和亲硫性方面又较接近铜。

1.2.1 金属镍的性质

1.2.1.1 物理性质

镍是一种银白色的金属，其物理性质与金属钴、铁有相当一致的地方，重要表现在如下几个方面：

（1）镍的密度：在20℃时为 $8.908g/cm^3$，可靠数值为 $8.9\sim8.908g/cm^3$，熔点时液体镍的密度为 $7.9g/cm^3$。

（2）镍的比热容：在0~1000℃的温度范围内变动于420~620J/(kg·K)，在居里点或其附近有一显著的高峰，此温度下失去铁磁性。

（3）镍的电阻：在20℃时镍的比电阻为 $6.9\times10^{-6}\Omega/cm$。镍基合金虽然广泛用于热电元件，但由于氧化关系纯镍实际上无此用途。

（4）镍的热电性与铁、铜、银、金等金属不同，较铂为负，所以在冷端的电流由铂流向镍，因此，以镍作为热电元件时可产生高的电动势。

（5）镍具有磁性，是许多磁性物料（由高导磁率的软磁合金至高矫顽力的永磁合金）

的主要组成部分，其含量常为10% ~20%。

1.2.1.2 化学性质

金属镍是元素周期表第Ⅷ副族铁磁金属之一，原子序数28，相对原子质量为58.71，熔点1453±1℃，沸点2800℃。天然生成的金属镍有五种稳定的同位素：Ni^{58}67.7%、Ni^{60}26.2%、Ni^{61}1.25%、Ni^{62}3.66%、Ni^{64}1.66%。其主要化学性质有：

（1）在大气中不易生锈以及能抵抗苛性碱的腐蚀。大气实验结果，99%纯度的镍在20年内不生锈痕，无论在水溶液或熔盐内镍抵抗苛性碱的能力都很强，在50%沸腾苛性钠溶液中每年的腐蚀性速度不超过25μm，对盐类溶液只容易受到氧化性盐类（如氯化高铁或次氯酸铁盐）的侵蚀。镍能抵抗所有的有机化合物。

（2）在空气中或氧气中，镍表面上形成一层NiO薄膜，可防止进一步氧化，含硫的气体对镍有严重腐蚀，尤其在镍与硫化镍Ni_3S_2共晶温度在643℃以上时更是如此。在500℃以下时镍对于氯气无显著作用。

（3）20℃时镍的电极电位为-0.227V，25℃镍的电极电位为-0.231V，若溶液中有少量杂质，尤其是有硫存在时，镍即显著钝化。

1.2.2 镍的化合物及性质

镍的化合物在自然界里有三种基本形态，即镍的氧化物、硫化物和砷化物。

1.2.2.1 镍的氧化物

镍有三种氧化物：即氧化亚镍（NiO），四氧化三镍（Ni_3O_4）及三氧化二镍（Ni_2O_3）。三氧化二镍仅在低温时稳定，加热至400~450℃，即离解为四氧化三镍，进一步提高温度最终变成氧化亚镍。

镍可形成多种盐类，但与钴不同，只生成两价镍盐，因此，不稳定的三氧化二镍常作为较负电金属（如Co、Fe）的氧化剂，用于镍电解液净化除Co之用。

氧化亚镍的熔点为1650~1660℃，很容易被C或CO所还原。

氧化亚镍与CoO、FeO一样，可形成MeO·SiO_2和2MeO·SiO_2两类硅酸盐化合物，但NiO·SiO_2不稳定。

氧化亚镍具有触煤作用，可使SO_2转变为SO_3，而SO_3与NiO又可以形成稳定的硫酸盐，并较铜、铁的硫酸盐稳定，加热到750~800℃才显著离解。

氧化亚镍能溶于硫酸、亚硫酸、盐酸和硝酸等溶液中形成绿色的两价镍盐。当与石灰乳发生反应时，形成绿色的氢氧化镍（$Ni(OH)_2$）沉淀。

1.2.2.2 镍的硫化物

镍的硫化物有：NiS_2、NiS_5、Ni_3S_2、NiS。硫化亚镍（NiS）在高温下不稳定，在中性和还原气氛下受热时按下式离解：

$$3NiS = Ni_3S_2 + 1/2S_2$$

在冶炼温度下，低硫化镍（Ni_3S_2）是稳定的，其离解压比FeS小，但比Cu_2S大。

1.2.2.3 镍的砷化物

镍的砷化物有砷化镍（NiAs）和二砷化三镍（Ni_3As_2）。前者在自然界中为红砷镍矿，在中性气氛中可按下式离解：

$$3NiAs = Ni_3As_2 + As$$

在氧化气氛中红砷镍矿的砷一部分形成挥发性的 As_2O_3，一部分则形成无挥发性的砷酸盐（$NiO \cdot As_2O_3$）。因此，为了更完全地脱砷，在氧化焙烧后还必须再进行还原焙烧，使砷酸盐转变为砷化物，进一步氧化焙烧中再使砷呈 As_2O_3 形态挥发，即进行交替的氧化还原焙烧以完成脱砷过程。

镍在50～100℃温度下，可与一氧化碳形成羰基镍［$Ni(CO)_4$］，如下式所示：

$$Ni + 4CO = Ni(CO)_4$$

$$\Delta_r H_m^{\circ} = -50.7kcal/mol$$

当温度提高至180～200℃时，羰基镍又分解为金属镍。这个反应是羰基法提取的理论基础。

1.3 炼镍原料

镍在地壳中的含量估计约为0.02%，相当于铜、铅、锌三种金属加起来的两倍之多，但富集成可供开采的镍矿床则寥寥无几。炼镍原料按冶炼方法不同而略有差异，但无论是镍的何种矿物，大多都必须经过选矿得到镍精矿才能用来冶炼。

1.3.1 镍的矿物

镍矿通常分为三类：即硫化镍矿、氧化镍矿和砷化镍矿。砷化镍矿的含镍矿物为红镍矿（NiAs）、砷镍矿（$NiAs_2$）、辉砷镍矿（NiAsS），此类矿物只有北非摩洛哥有少量产出。

1.3.2 镍的矿石

1.3.2.1 镍的硫化矿石

自然界广泛存在的镍硫化矿是（Ni，Fe）S，密度为5g/cm³，硬度为4。其次是针硫镍矿 NiS（密度5.3g/cm³，硬度2.5）。另外还有辉铁镍矿 $3NiS \cdot FeS$（密度4.8g/cm³，硬度4.5），钴镍黄铁矿 $(NiCO)_3S_4$ 或闪锑镍矿（Ni，SbS）等。

硫化镍矿通常含有主要以黄铜矿形态存在的铜，所以镍硫化矿又常称为铜镍硫化矿，另外硫化矿中含有钴（其量为镍量的3%～4%和铂族金属）。

铜镍硫化矿可以分为两类：致密块矿和浸染碎矿。含镍高于1.5%，而脉石量少的矿石称作致密块矿；含镍量低，而脉石量多的贫矿称作浸染碎矿。从工艺观点来看，这种分类便于对各类矿石进行下一步的处理。贫镍的浸染碎矿直接送往选矿车间处理，而含镍高的致密块矿直接送去熔炼或者经过磁选。

铜镍硫化矿的特点是很坚硬，难以破碎，其次是受热时不爆裂，其原因是矿石中的硫化物主要是磁硫铁矿。

铜镍硫化矿石中的平均含镍量变动很大，由十万分之几到5% ~7%或者更高。一般是矿石可能含量比较低，但在个别情况下铜的含量可能与镍的含量相等或比镍高。

1.3.2.2 镍的氧化矿石

镍的氧化矿石由含镍在0.2%的蛇纹石经风化而产生的硅酸盐矿石。与铜矿石不同，一般氧化镍矿并不与硫化矿相连在一起。

氧化镍矿分为三类：位于石灰岩与蛇纹石之间的接触矿床的矿石；位于石灰岩上的层状矿石；含少量镍的铁矿（即镍铁矿石）。第一类矿的特点是含镍高，但矿石成分变化很大。第二类矿的特点是矿床规模大，成分较均匀，但含镍量很低。第三类是当镍铁矿含铁较高时，则直接送往高炉内熔炼得到铁合金。

在氧化矿石中镍主要以含水的镍镁、硅镁、硅酸盐存在，镍与镁由于其两价离子直径相同，常出现类质同晶现象。

在氧化矿中几乎不含铜和铂族元素，但常常含有钴，其中镍与钴的比例一般为(25 ~30)∶1。

氧化镍矿的特点之一是矿石中含镍量和脉石成分非常不均匀。由于大量黏土的存在，氧化镍矿的另一特点是含水分很高，通常为20% ~25%，最大到40%。氧化镍矿通常含镍很低，只有0.5% ~1.5%，在极少量的富矿中含镍才达到5% ~10%。

1.3.2.3 镍的砷化矿石

含镍砷化矿发现很早（1865年），而且在炼镍史上起过重要作用，但是后来没有发现这一类型的大矿床，因而现在从含镍砷化矿中提炼镍仅限于个别国家。

含镍的砷矿物有红砷镍矿 NiAs，自毒砂或砷镍矿（$NiAs_2$）和辉砷镍矿（NiAsS）。

1.3.3 镍精矿

与其他金属冶炼相比，进入镍冶炼厂的精矿品位要低得多，而且脉石成分复杂，因此镍冶炼的技术难度较大。

我国最大的镍生产企业金川集团公司冶炼厂所用的原料主要是自产的铜镍精矿，还有部分外购原料作为补充，以保证镍产品产量逐年提高的需要。

1.3.3.1 铜镍精矿的化学成分

金川公司使用的精矿原料一般可分为前期精矿和后期精矿两种类型。前期精矿主要是指1983年以前来自一矿区龙首矿和露天矿所产原料经选矿得到的精矿，此类精矿（质量分数）含镍3.5% ~5%、铜1.6% ~2.5%、钴0.14% ~0.2%。此外还含有金、银及铂族金属，在冶炼过程中进行综合回收。后期精矿主要是指现在一矿区龙首矿和三角矿柱（龙首矿和露天矿之间）及二矿区井下开采的矿石，经选矿供给电炉和闪速炉熔炼用的精矿，其成分可见表1-2。

表1-2 金川后期铜镍精矿的化学成分 （质量分数/%）

炉型	Ni	Cu	Fe	Co	S	SiO_2	CaO	MgO
电炉	6.09	3.02	35.36	0.17	25.43	10.29	1.76	8.29
闪速炉	6.605	2.81	39.57	0.19	27.19	8.13	1.09	6.10

1.3.3.2 铜镍硫化精矿的矿物组成

金川公司硫化镍精矿的主要金属矿物成分是镍黄铁矿、磁黄铁矿、黄铜矿、黄铁矿、墨铜矿等；脉石矿物主要为蛇纹石、滑石、绿泥石等。脉石矿物都是高铁镁的硅酸盐类，在电炉或闪速炉熔炼中变为渣相矿物而被废弃。

金川公司一矿区矿源所选出的镍精矿与二矿区矿源所出的镍精矿的矿物成分略有不同，与国外几个著名矿所产的镍精矿也有差异，这种差异不仅表现在数量上，而且也表现在金属矿物种类和脉石种类上，其差异对冶炼工艺有一定的影响。

综上所述，炼镍资源可分为硫化精矿和氧化精矿两大类。硫化精矿由于组成不同又可进一步分为含氧化镁高和含氧化镁低的精矿；镍铜比高和低的精矿；富铂精矿或贫铂精矿。同理，氧化精矿也可进一步划分为含铁高的红土矿和含镍低含硅高的硅酸镍矿等。

1.4 镍的用途及其消费量

1.4.1 镍的用途

镍与铂、钯相似，具有高度的化学稳定性，加热到700～800℃时仍不氧化。镍在化学试剂（碱液和其他试剂）中稳定。镍系磁性金属，具有良好的韧性，有足够的机械强度，能经受各种类型的机械加工（压延、压磨、焊接等）。

纯镍特别是镍合金在国民经济中获得广泛的应用。镍具有良好的磨光性能，故纯镍用于镀镍技术中。特别值得指出的是纯镍还用在雷达、电视、原子工业，远距离控制等现代新技术中。在火箭技术中，超级的镍或镍合金用作高温结构材料。

镍粉是粉末冶金中制造各种含镍零件的原料，在化学工业中广泛用作催化剂。

镍的化合物也有重要用途。硫酸镍主要用于制备镀镍的电解液，蚁酸镍则用于油脂的氢化，氢氧化亚镍用于制备碱性电池。硝酸镍还可以在陶瓷工业中用作棕色颜料。但是，纯镍金属和镍盐在现代工业用途中消耗不多，而主要是制成合金使用。全世界耗镍最多的国家是美国和英国，占总产量的60%～70%。其中用于合金的镍量达到80%以上。随着我国改革开放，工业技术飞速发展，电气工业、机械工业、建筑业、化学工业等对镍的需求也愈来愈大，因此近十年我国镍的工业有了很大的发展。

概括起来镍的用途可分为六类：

（1）制作金属材料，包括制作不锈钢，耐热合金钢和各种合金等3000多种，占镍消费量的70%以上，其中典型的金属材料有：

1）镍－铬合金，如康镍合金，质量分数含镍80%、铬14%。能耐高温，断裂强度大，专用于制作燃气涡轮机、喷气发动机等。

2）镍－铬－钴合金，如IN－939，含$w(Ni)=50\%$、$w(Cr)=22.5\%$、$w(Co)=19\%$。其机械强度大，耐海水腐蚀性强，故专用于制作海洋舰船的涡轮发动机。

3）镍－铬－钼合金，如IN－586，含$w(Ni)=65\%$、$w(Cr)=25\%$、$w(Mo)=10\%$。为耐高温合金，如在1050℃时仍不氧化发脆，特别是焊接性能较佳。

4）铜－镍合金，如 IN－868，$w(Ni)=16\%$、$w(Cu)=80\%$。耐蚀、导热和压延性能俱佳，广泛用于船舶和化学工业。

5）钛－镍形状记忆合金，特点是在加温下能恢复原有形状，已用于医疗器械等领域。

6）储氢合金，为金属间化合物，特点是能在室温下吸收氢气生成氢化物，加热到一定温度时，又可将吸收的氢气释放出来，此特性为热核反应及太阳能源的能量储存及输送提供了较大的灵活性。此类合金种类较多，如 $LaNi_5$、$Ca_xNi_5Ce_{1-x}$、Ti－Ni、Ni－Nb、Ni－V及 $LaNi_5$－Mg 等。

（2）用于电镀，其用量约占镍消费量的15%。主要用在钢材及其他金属材料的基体上覆盖一层耐用、耐腐蚀的表面层，其防腐性能要比镀锌层高15%～20%。

（3）在石油化工的氢化过程中作催化剂。在煤的气化过程中，当用 CO 和 H_2 合成甲烷时发生下列反应：

$$CO+3H_2 \longrightarrow CH_4+H_2O \quad （温度800℃、催化剂）$$

常用的催化剂为高度分散在氧化铝基体上的镍复合材料（$w(Ni)=25\%\sim27\%$）。这种催化剂不易被 H_2S、SO_2 所毒化。

（4）用于用作化学电源，是制作电池的材料。如工业上已生产的 Cd－Ni、Fe－Ni、Zn－Ni 电池和 H_2－Ni 密封电池。

（5）制作颜料和染料。其最主要的是组成黄橙色颜料，该颜料由 TiO_2、NiO 和 Sb_2O_3 的混合料在800℃下煅烧而成，覆盖能力强，具有金红石或尖晶石的结构，故化学性能稳定。

（6）制作陶瓷和铁素体。如陶瓷上常用NiO作着色剂添加还能增加料坯与铁素体间的黏结性，并使料坯表面光洁致密。铁素体是一种较新的陶瓷材料，主要用于高频电器设备。

1.4.2 镍的消费量

现在，我国已成为世界第一大不锈钢消费国、世界最大的电池生产和消费国，还是世界最大的硬质合金生产国和人造金刚石的生产大国，而应用于这些领域中的原材料也因此表现出了旺盛的需求，其中包括镍和钴，仅2003年镍的消费量已达到近12万吨以上，钴的消费量也已达到6700多吨，均居世界前列，并且还将进一步增加，这使得中国在国际镍钴市场上的影响显得举足轻重。

镍的消费相对比较单一，主要集中在不锈钢、合金钢、电镀、电池、触媒、军工等领域，其中不锈钢行业耗镍量最大，约占整个镍消费的60%～70%。2001年我国不锈钢产量为75万吨左右，耗镍量约4.5万吨。非钢行业近年来发展迅猛，2001年耗镍量约3万吨，其中电镀及镍行业耗镍最大，约为2万吨，电池行业5000t、触媒行业1500t、军工行业2000t、其他行业1500t，使全国镍的消费量达到7.5万吨左右，消费量迅猛增长。

在我国，镍的消费按市场细分原则和区域划分呈五大市场区域，在西北地区基本没有市场，主要区域是：

（1）以上海为中心的华东市场：包括江、浙、沪、皖三省一市。在此区域内有全国主要的金属期货交易所和长江、华通两个现货市场。目前该区域内年消费镍3万吨左右。未来几年内宝钢集团所属上钢一厂、三厂、五厂共计有150万吨的不锈钢产能将陆续形成，镍的潜在消费巨大。150万吨产能估计含镍不锈钢为100万~120万吨，理论推算耗镍量为8万~10万吨，考虑其使用废钢因素，不锈钢增加的产能至少要消耗5万吨原镍，再加上电镀、合金、镍网、铸造等行业镍的消费，使该区域对镍的需求在未来将达到8万吨以上。

（2）以太钢为重点的华北市场：包括太原、天津、北京三地。目前该区域镍的消费量约2.8万吨，有80%集中在太原钢铁公司。太钢在未来将形成100万吨不锈钢生产能力，届时原镍消耗预计达到5.2万吨左右，从而使华北市场镍的消费量达到5.6万吨水平，是一个极为重要的区域，而且该区域对钴、铂族金属的需求量也较大。

（3）以电镀为重点的珠江三角洲及周边市场：该区域经济发达，镍的年消费量在6000~8000t，但在今后相当一段时期内成长潜力不大。

（4）以沈阳为中心的东北市场：主要是冶金、军工、电池行业，年消费镍约6000t。随着宝钢、太钢不锈钢计划的实施，东北地区的不锈钢生产会逐步萎缩，优势将集中在高温合金和军工钢方面，消费量呈递减趋势。

（5）以重庆为重点的西南市场：包括云、贵、川三省，主要是冶金、电镀行业，年消费镍量约4000t。重庆市把汽车、摩托车作为支柱产业来规划和发展，电镀用镍呈增长趋势，预计未来西南市场对镍的需求将达到每年5000t水平。

我国钢铁工业结构调整完成后，太钢、宝钢两大不锈钢基地共计形成250万吨产能，加上方兴未艾的民营不锈钢企业，不但使我国成为不锈钢生产大国，更成为一个镍消费大国。预计到2010年，全国镍的消费水平在16万~18万吨/a，市场前景十分广阔。

过去的十多年里，中国镍的消费量年增长率为12.4%，但最近5年，镍的消费量年均增长率为26%。首先不锈钢占整个镍消费量的44%，其次是电镀占27%，再次为耐热钢、高温合金，特种钢、化工、电池、催化剂、机械行业、磁性材料和造币等。在我国，不锈钢主要应用在建筑工业，目前中国正在为占世界1/4的人口大规模的建设现代化的住宅和商品用房，这一项消费不锈钢占总消费量的1/6。我国政府为国有企业提供低息贷款来扩张产能，鼓励外商投资并建立合资企业，为企业购买不锈钢设备提供免税政策。全球制造业产能的转移也是刺激我国不锈钢工业快速发展的一个因素。除了不锈钢，电池材料也是镍消费的另一驱动力。尽管中国的镍镉和镍氢电池工业大规模发展起步于五六年之前，但泡沫镍产能已达到每年1000万平方米，居世界之首，稀土储氢合金每年4200t，氢氧化亚镍每年8600万吨，不仅满足了国内市场，而且能够出口。未来5年，中国还将投资10亿元发展电动汽车，这将刺激环保型电池，诸如镍氢和锂离子电池的需求。

1.5 生产纯镍的主要工艺流程

1.5.1 硫化镍可溶阳极电解工艺流程

传统的硫化镍可溶阳极电解工艺生产电解镍，经过了近半个世纪的生产实践，该工艺趋于成熟，生产技术可靠，可满足生产 Ni9996 电解镍要求。硫化镍可溶阳极电解工艺流程如图 1－1 所示。

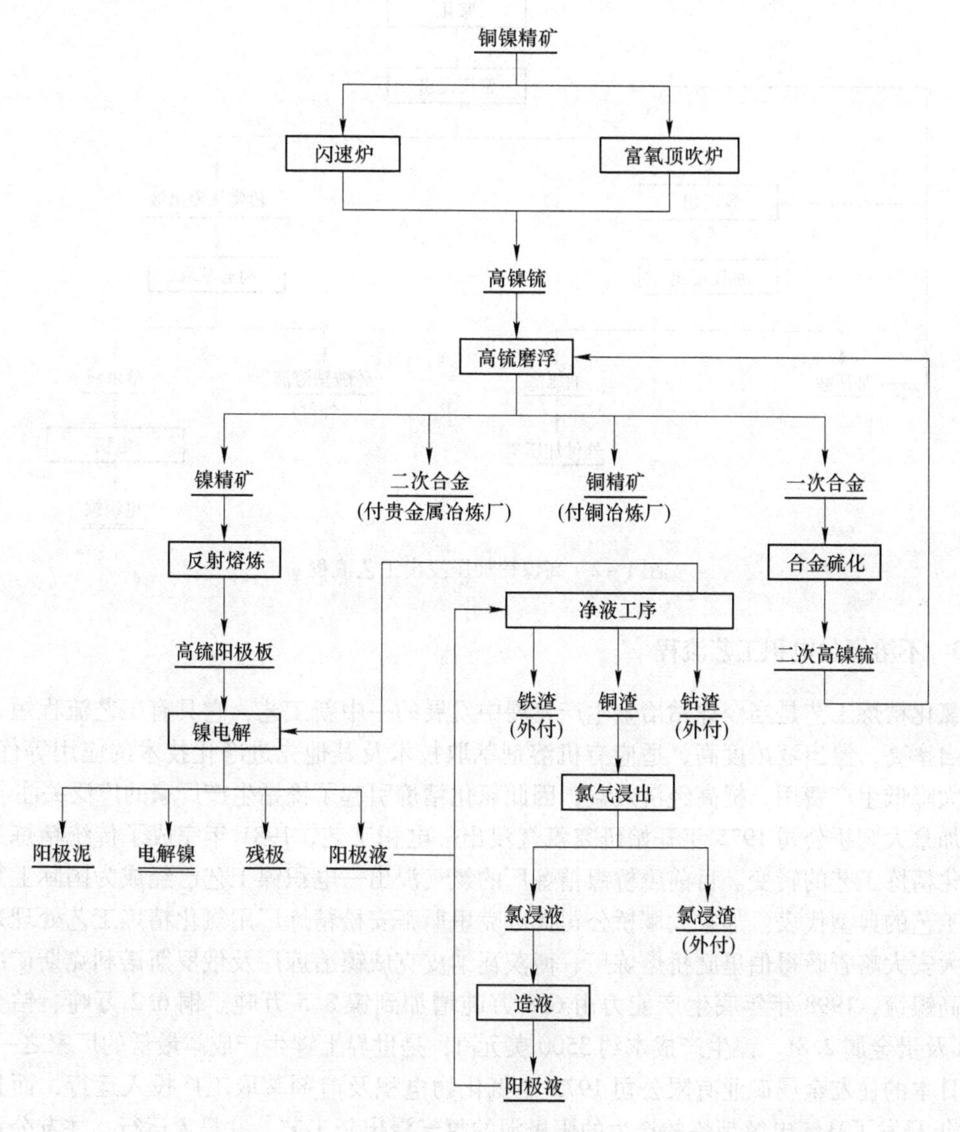

图 1－1 硫化镍可溶阳极电解工艺流程

1.5.2 不溶硫酸电积工艺流程

加压酸浸法处理红土镍矿是从 20 世纪 50 年代发展起来的，加压酸浸工艺一般流程为：在 250～270℃、4～5MPa 的高温高压条件下，用稀硫酸将镍、钴等与铁、铝矿物一起溶解，在随后的反应中，控制一定的 pH 值等条件，使铁、铝和硅等杂质元素水解进入渣中，镍、钴选择性进入溶液。浸出液用硫化氢还原中和、沉淀，到高质量的镍钴硫化物，再通过传统的精炼工艺配套产出最终产品。高镍锍加压浸出工艺流程如图 1－2 所示。

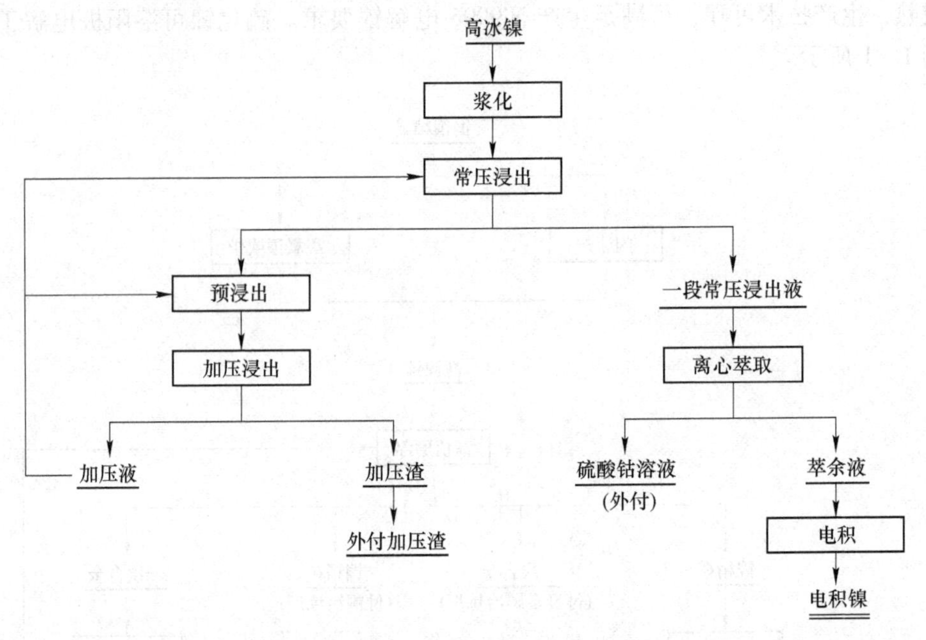

图1-2 高镍锍加压浸出工艺流程

1.5.3 不溶氯化电积工艺流程

氯化精炼工艺是当今镍钴冶金生产发展中发展的一中新工艺，它具有工艺流程短，镍钴浸出率高，浸出液浓度高，适应有机溶剂萃取技术及其他先进净化技术的应用等优点，可大大降低生产费用，提高经济效益，因此氯化精炼引起了镍钴生产厂家的广泛关注。

加拿大鹰桥公司1975年开始研究氯气浸出—电积工艺，1981年完成了传统精炼工艺向氯化精炼工艺的转变。目前鹰桥镍精炼厂的氯气浸出—电积镍工艺已经成为国际上氯化精炼工艺的典型代表。加拿大鹰桥公司挪威克里斯蒂安松精炼厂用氯化精炼工艺处理来自加拿大安大略省萨得伯里鹰桥熔炼厂、博茨瓦纳皮克威镍冶炼厂及俄罗斯诺利克斯矿冶公司的高镍锍，1998年年底生产能力由6.8万吨增加到镍8.5万吨。铜6.2万吨、钴金属4000t及贵金属2.8t，镍生产成本约3500美元/t，是世界上镍生产成本最低的厂家之一。

日本的住友金属矿业有限公司1975年氯化物电积及溶剂萃取工厂投入运行，而且于1986年开发了高锍电解精炼的产生的阳极泥的氯气浸出新工艺，并投入运行。住友公司在前期生产实践基础上开始进行新工艺的基础研究，开发了MCLE工艺，经过示范工厂的试验研究，设计能力为24000t的工厂于1992年8月正式投产。1993年5月，MCLE工艺完全取代了传统的高锍电解精炼。工艺建立后，通过继续开发、改进工艺，至2000年产能已达到30000t/a。

法国镍公司勒哈费尔—桑多维尔镍精炼厂是法国主要的镍生产厂家，1978年采用氯气浸出工艺改造还原熔炼—还原生产镍块的工艺，处理来自南太平洋新喀里多尼亚多尼阿波镍冶炼厂含微量铜的高锍镍，原则流程为：氯气浸出—萃取除铁—萃取除钴—电解除铅—离子交换除铬铝—高电流密度电积镍。建成了年产2万吨电解镍的高锍镍氯化精炼工厂。鹰桥氯气浸出流程如图1-3所示。日本住友MCLE工艺流程如图1-4所示。

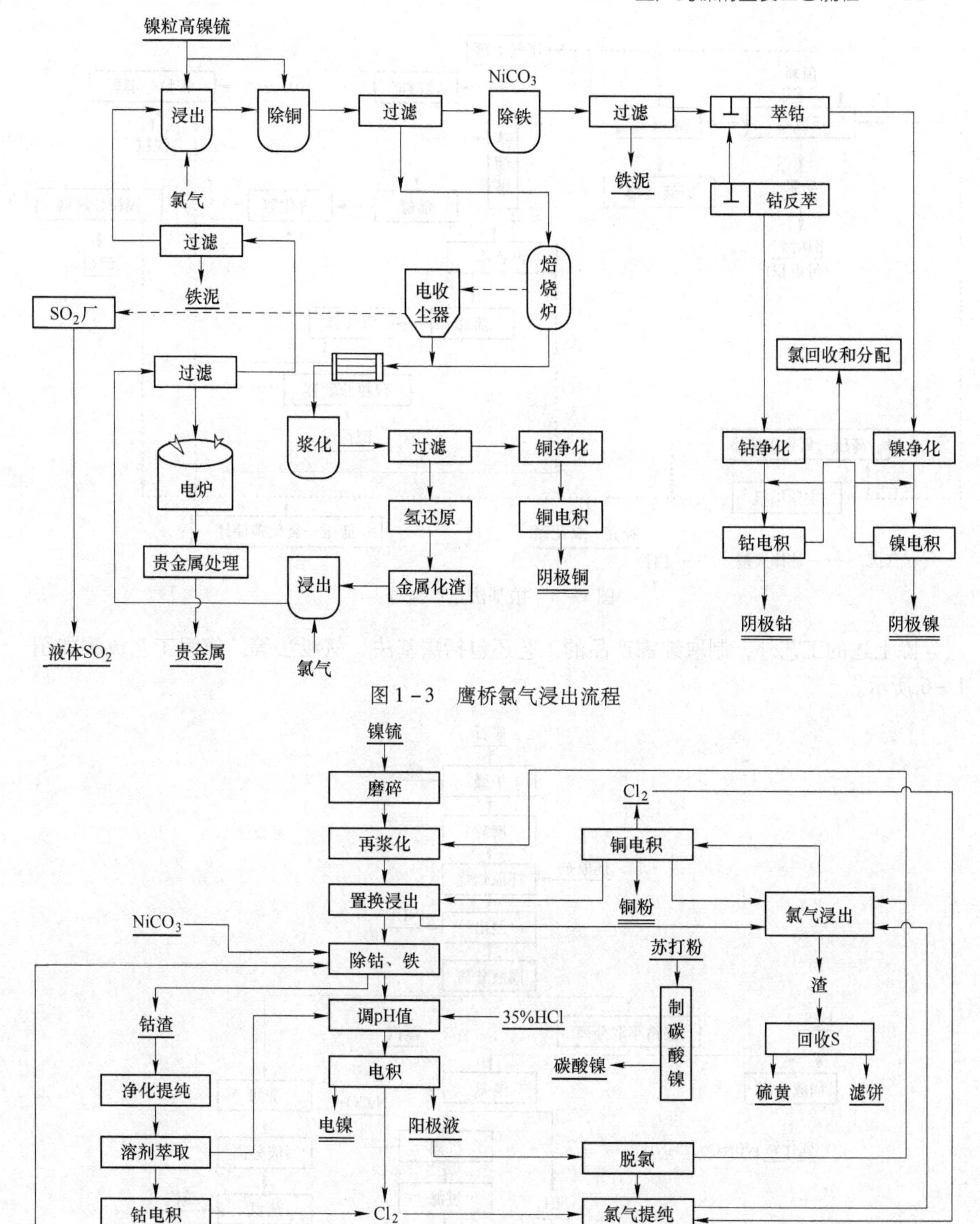

图 1-3 鹰桥氯气浸出流程

图 1-4 日本住友 MCLE 工艺流程

1.5.4 其他生产纯镍产品的工艺流程

羰基法生产流程如图 1-5 所示。

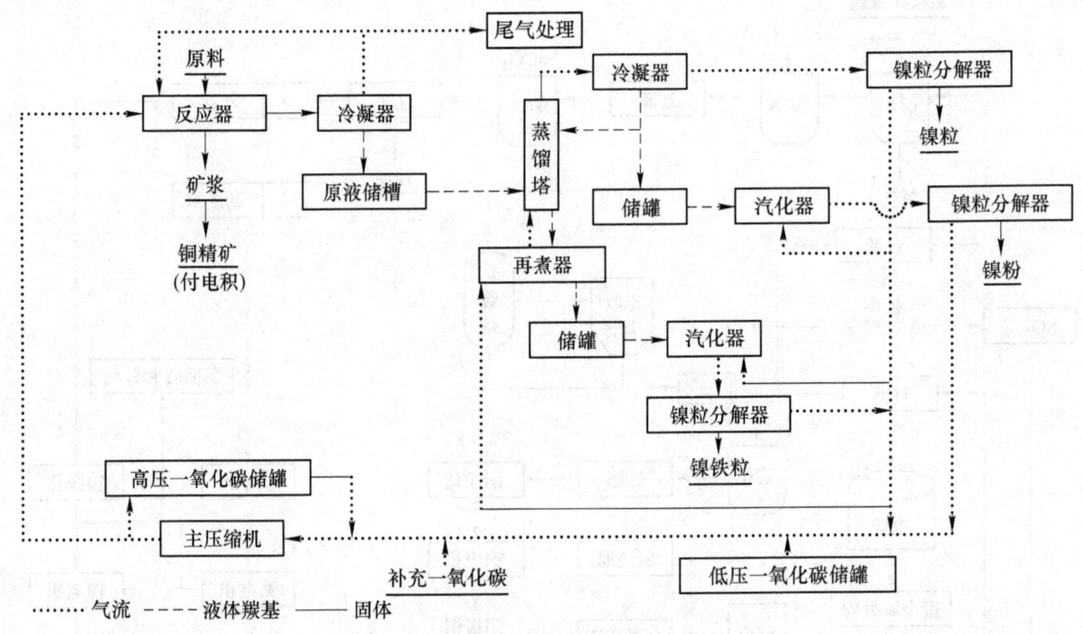

图 1－5 羰基法生产流程

除上述的工艺外，制取纯镍产品的工艺还包括羰基法、氨浸法等。氨浸工艺流程如图 1－6 所示。

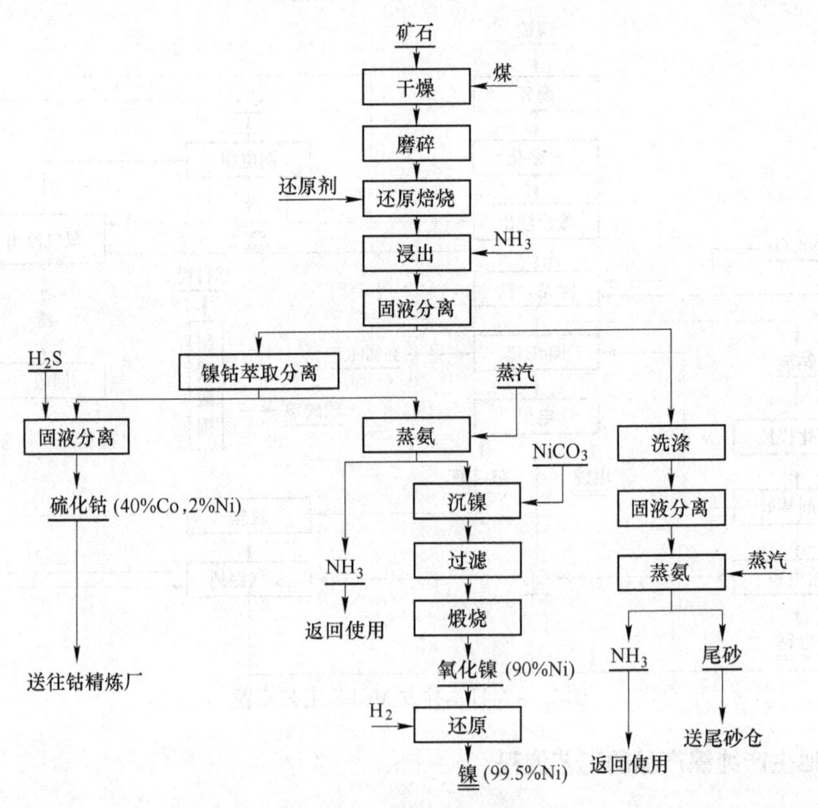

图 1－6 氨浸工艺流程

汤姆逊镍精炼厂、芬兰哈贾瓦尔塔精炼流程如图1－7、图1－8所示。

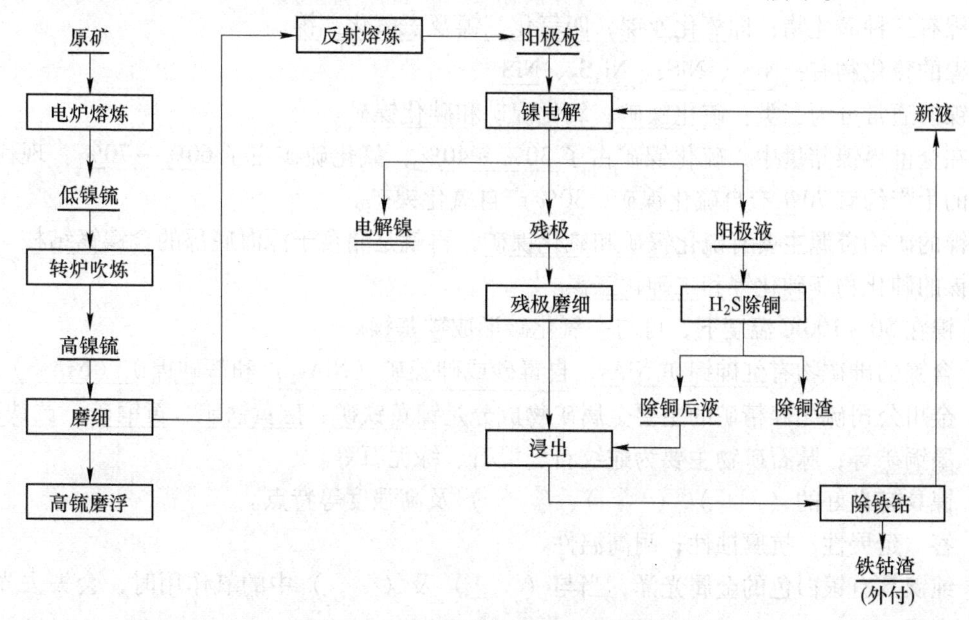

图1－7 汤姆逊镍精炼厂工艺流程

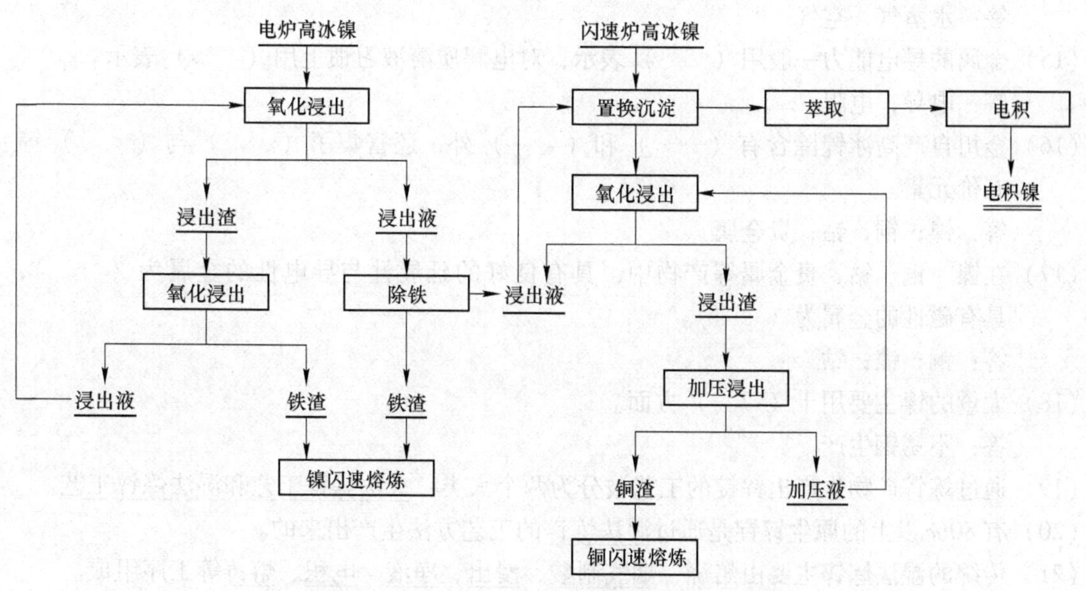

图1－8 芬兰哈贾瓦尔塔浸出原则工艺流程

复 习 题

1－1 填空题

(1) 纯镍颜色银白色，镍的密度是8.9g/cm³。

(2) 金属镍是元素周期表第Ⅷ副族铁磁金属之一，原子序数28，相对原子质量58.71。

（3）天然生成的金属镍有5种稳定的同位素。
（4）镍有三种氧化物：即氧化亚镍，四氧化三镍及三氧化二镍。
（5）镍的硫化物有：NiS_2、NiS_5、Ni_3S_2、NiS。
（6）镍矿通常分为三类：硫化镍矿、氧化镍矿和砷化镍矿。
（7）在全世界镍储量中，硫化镍矿占了30%～40%，氧化硫矿占了60%～70%。现代镍的生产约有70%产自硫化镍矿，30%产自氧化镍矿。
（8）镍的矿物资源主要有硫化镍矿和氧化镍矿，再就是储存于深海底部的含镍锰结核。
（9）镍的砷化物有砷化镍和二砷化三镍。
（10）镍在50～100℃温度下，可与一氧化碳形成羰基镍。
（11）含镍的砷矿物有红砷镍矿NiAs、自毒砂或砷镍矿（$NiAs_2$）和辉砷镍矿（NiAsS）。
（12）金川公司硫化镍精矿的主要金属矿物成分是镍黄铁矿、磁黄铁矿、黄铜矿、黄铁矿、墨铜矿等；脉石矿物主要为蛇纹石、滑石、绿泥石等。
（13）镍具有良好的（　　）、（　　）、（　　）及高强度等特点。
答：延展性；抗腐蚀性；耐高温性
（14）纯镍具有银白色的金属光泽，当与（　　）及（　　）中的氧作用时，会失去光泽变暗。
答：水蒸气；空气
（15）金属的导电能力一般用（　　）表示，对电解质溶液习惯上用（　　）表示。
答：电导；电阻
（16）金川自产高冰镍除含有（　　）和（　　）外，还富集了（　　）与（　　）等有价元素。
答：镍；铜；钴；贵金属
（17）在镍、铜、钴、贵金属等产物中，具有良好的延展性与导电性的金属为（　　），具有磁性的金属为（　　）。
答：铜；镍；钴
（18）大量的镍主要用于（　　）方面。
答：不锈钢生产
（19）通过炼锌矿物生产出锌锭的工艺被分为两个大类：火法炼锌工艺和湿法炼锌工艺。
（20）有80%以上的原生锌锭是通过湿法炼锌的工艺方法生产出来的。
（21）传统的湿法炼锌主要由焙烧、烟气制酸、浸出、净液、电积、熔铸等工序组成。
（22）钴矿物多伴生于其他矿物之中，常以砷化物、硫化物和氧化物存在。
（23）湿法冶金一般分为（　　）、（　　）、（　　）三个主要过程。
答：浸出；净化提纯；沉积
（24）根据导电性不同，化合物可分为（　　）和（　　）两种。
答：电解质；非电解质
（25）镍电解精炼过程中通常选用的电解质主要有纯硫酸盐体系、纯氯化物体系、硫酸盐—氯化物混酸体系三种。目前我们可溶阳极电解生产中采用的是弱酸性硫酸盐和氯化物混酸体系。

1－2 选择题

（1）下面金属元素中哪一种金属没用磁性（　　）。

A. 镍　　B. 铁　　C. 钴　　D. 铜

答：D

（2）在阴极沉积物形成过程中，随着溶液中杂质离子浓度的升高，阴极沉积物中杂质离子含量将（　　）。

A. 增加　　B. 不变　　C. 减少　　D. 不一定

答：A

1－3 简述题

（1）镍的用途可分为哪六类?

答：

1）作金属材料，包括制作不锈钢，耐热合金钢和各种合金等3000多种，占镍消费量的70%以上，其中典型的金属材料有：镍—铬基合金、镍—铬—钴合金、镍—铬—钼合金、铜—镍合金、钛—镍形状记忆合金、储氢合金等。

2）用于电镀，其用量约占镍消费量的15%。主要用在钢材及其他金属材料的基体上覆盖一层耐用、耐腐蚀的表面层，其防腐性能要比镀锌层高20%～15%。

3）在石油化工的氢化过程中作催化剂。

4）用于用作化学电源，是制作电池的材料。如工业上已生产的Cd－Ni、Fe－Ni、Zn－Ni电池和H_2－Ni密封电池。

5）制作颜料和染料。其最主要的是组成黄橙色颜料，该颜料由TiO_2、NiO和Sb_2O_3的混合料在800℃下煅烧而成，覆盖能力强，具有金红石或尖晶石的结构，故化学性能稳定。

6）制作陶瓷和铁素体。如陶瓷上常用NiO作着色剂添加还能增加料坯与铁素体间的黏结性，并使料坯表面光洁致密。铁素体是一种较新的陶瓷材料，主要用于高频电器设备。

（2）氧化镍矿分为哪三类?特点分别是什么?

答：

位于石灰岩与蛇纹石之间的接触矿床的矿石；位于石灰岩上的层状矿石；含少量镍的铁矿（即镍铁矿石）。第一类矿的特点是含镍高，但矿石成分变化很大。第二类矿的特点是矿床规模大，成分较均匀，但含镍量很低。第三类——镍铁矿当含铁较高时，则直接送往高炉内熔炼得到铁合金。

（3）简述氯化精炼工艺优点。

答：

氯化精炼工艺是当今镍钴冶金生产发展中发展的一中新工艺，它具有工艺流程短，镍钴浸出率高，浸出液浓度高，适应有机溶剂萃取技术及其他先进净化技术的应用等优点，可大大降低生产费用，提高经济效益。

（4）镍电解生产为什么要采用弱酸性电解液？

答：

是为了防止和减少氢气的析出，同时防止金属离子呈氢氧化物和碱式盐沉淀，从而保证电镍产品质量。

2 电化学概述

2.1 电化学研究的对象和意义

自然界的物质变化可大致分为物理变化和化学变化，在化学变化的同时也常常伴着物理变化。例如化学反应要吸热或放热，温度、压力、浓度等物理性质的变化会影响化学反应的进行，电流可以引起化学变化，而化学变化也可以产生电流，光的照射会促使化学反应发生等。这些都说明化学变化和物理变化的关系密切。在长期的研究物理变化对化学变化的影响过程中，物理和化学互相渗透，逐渐形成了一门边缘科学——物理化学。

物理化学是冶金、材料、加工、铸造和选矿等专业的基础理论，在生产和科学研究上，常常遇到很多化学反应和物理变化。例如：炼铁中铁氧化物的还原，炼钢中各种杂质和合金元素的氧化，有色冶金的电解等，无一不以物理学原理为基础。

电化学是研究电与化学变化之间的关系以及化学能与电能相互转化规律的一门科学。从原子结构观点来看，化学变化常常涉及电子转移，但化学反应与电化学反应仍有区别。电化学的研究对象包括离子溶液的性质和结构，溶液界面的电现象，以及电极溶液界面附近发生的各种过程的规律和机理。

电化学的历史可以追溯到 1791 年。当年，伽伐尼发表了《不同种类金属片接触引起青蛙肌肉的痉挛现象》一文，最先确认了离子溶液内可以有电流通过，这标志着电化学的诞生。1796 年伏打提出了第一类导体（电子导体）和第二类导体（离子导体）的概念。于 1799 年伏打将锌片与铜片叠在一起，中间用浸有 H_2SO_4 的毛呢隔开，构成伏打电堆，发明第一个化学电源。尼克尔森和卡利斯勒于 1800 年使用伏打电堆第一次尝试电解水溶液获得成功。1819 年，奥斯特用电堆发现了电流对磁针的影响，即所谓电磁现象。

1826 年，发现了欧姆定律。这都是利用了伏打电堆，对于电流通过导体时发生的现象进行了物理学的研究而发现的。也就是说电学发展史上的一系列重要事件都是与电化学相关联的。

1887 年，阿伦尼乌斯提出“电离学说”。1889 年，能斯特（Nernst）提出“电极电位的理论”，到此电化学热力学基本形成。

19 世纪 70 年代，亥姆霍兹提出了双电层概念，这是电极动力学产生的基础之一。1905 年，瑞士人，塔菲尔（Tafel）提出了电化学中著名的塔菲尔公式。

电化学已经有近 200 多年的历史，然而电化学的研究领域在不断地扩大。以水溶液为基础，现代已经分离出熔盐电化学、固体电化学、半导体电化学、腐蚀电化学、催化电化学、生物电化学等分支。

电化学的内容主要由三部分组成。离子学——主要研究溶液或熔体中离子的行为，离子平衡，离子的动态性质（电导、迁移数扩散、黏度等）及其相互关系；界面电化学——

内容包括双电层理论，电动现象，吸附，胶体和离子交换等；电化学——分为可逆电极和不可逆电极过程，前者属于热力学范畴，后者属于动力学观点研究电极过程速度和机理，电子传递反应，电化学催化和电极结晶过程等。

电化学的应用范围十分广泛，在国民经济形成规模庞大的两个电化学工业体系，即电解工业和电池工业，电镀各种金属和合金是电化学另一重要工业应用，在机械和仪表工业中起到防腐蚀装饰和使镀件具有某种特殊性能的表面的作用。在电化学工业中，有机物和无机盐的氧化—还原合成，氯碱的制取等电解生产规模也是很大的。此外，在电化学加工、电铸阳极处理等方面的应用也是大家熟知的。分析化学中的电化学分析，湿法冶金中的浸出和置换，溶液采矿（或化学采矿），电化学探矿，硫化矿的浮选等，都涉及电化学应用。

2.2 冶金电化学的主要任务及研究方法

冶金电化学是研究冶金过程中的冶金电化学现象及应用的学科。它的主要任务是如何用电化学方法从矿物中分离和提取有价组分，以及进行金属的电沉积和精炼等。电解是冶金工业中大规模用来提取金属的主要方法之一，它与火法冶金比较，具有产品纯度高，并且能处理低品位矿石和复杂的多金属矿的优点。元素周期表中几乎所有的金属都可以用水溶液和熔盐电解方法来制取，因此系统地掌握冶金电化学的基本原理具有十分重要的意义。工业电解生产首先要求产品质量好和产量大；为了降低成本，又要求具有较高的电流效率和尽可能少的电能消耗；同时又能综合利用和保护环境。为了达到这一目的，一般需要从三个方面来学习探讨：

（1）探讨最佳的电解组成。对于工业电解质溶液的要求是：物理和化学性质稳定，具有较高的导电性，溶解度尽可能大，无毒，价格低廉，以及溶液容易处理或回收循环使用，因此，需要系统地探讨电解质溶液中离子的平衡和动态性质，杂质的影响以及性质—组成关系，从中找出合理的电解质组成。

（2）研究电极反应的条件速度和机理。电极过程包括可逆和不可逆过程，前者能确定离子放电的基本条件，后者可探明过程的速度和机理及影响反应速度的主要因素，进而有目的地控制生产过程，找出最佳的电解工艺技术条件。

（3）归纳上述研究结果进行综合电解条件试验。因为各种条件之间是相互制约的，一个因素改变必须调整其他因素与之相适应，才能取得最好的效果，因此试验规模必须从小到大，将所得结果反复对比分析，为工业设计提供可靠的依据，并在半工业和试生产继续考察，最后制定出合理的电解工业制度。上述的研究步骤为镍电解工在工作中掌握的一般程序，以便配合工程技术人员在技术创新，技术改造，课题研究时，对于具体问题作具体分析。

2.3 法拉第电解定律

在电解质溶液中放入两个电极，并通入电流时，在电场的作用下，溶液中的正离子向阴极迁移，负离子向阳极迁移。同时，在电极与溶液的界面上发生电化学反应，阳极上发生物质失电子的氧化反应，阴极上发生物质得到电子的还原反应，例如电解 $CuSO_4$ 水溶液时：

阴极 $$Cu^{2+} - 2e \longrightarrow Cu$$

阳极 $$2OH^- + 2e \longrightarrow H_2O + 1/2O_2$$

虽然 SO_4^{2-} 也向阳极迁移，但是由水生成的 OH^- 比 SO_4^{2-} 更易在电极上放电，所以阳极上发生 OH^- 失电子的反应。

法拉第曾研究了电极反应物质的量与通过电解质电量之间的关系。设反应为：

$$O = \frac{\Sigma}{i} V_i B_i V_e^- \cdot e^-$$

化学计量系数 V_i、V_e^- 对反应物为负，对生成物为正，对阳极反应 $V_e^- > 0$，对阴极反应 $V_e^- < 0$，物质 B_i 的增量 ΔnB_i 和电子的增量 Δn_e^- 存在如下关系：

$$\frac{\Delta nB_i}{V_i} = \frac{\Delta n_e^-}{V_e^-} \tag{2-1}$$

若通入电量为 $Q(=It)$，则：

$$Q = eN_a \mid \Delta n_e^- \mid = F \mid \Delta n_e^- \mid \tag{2-2}$$

式中 I——电流强度；

t——单位时间；

e——单位电荷；

N_a——阿伏伽德罗常数；

F——法拉第常数。

法拉第常数值为 1mol 电子具有电量的绝对值，即 96500C/mol，如果物质 B_i 的摩尔质量为 M_i，可由式（2-1）、式（2-2）中得出物质 B_i 的质量增加为：

$$\Delta mB_i = \Delta nB_i \times M_i = \frac{V_i M_i}{\mid V_e^- \mid} \cdot \frac{Q}{F} \tag{2-3}$$

1834 年，法拉第将上述内容概括发表如下：

（1）电解过程中，在电极上析出的物质的量与通过的电量成正比；

（2）当通过的电量一定时，析出物质的质量与物质的当量 $\left(I = \frac{V_i M_i}{\mid V_e \mid}\right)$ 成反比。

法拉第电解定律是电化学中最普遍最严格的定量定律。它应用于电解质水溶液。熔体电解质以及固体电解质中的阴极过程和阳极过程。根据法拉第可以估算电解过程中的一些计量关系，如计算得到一定量的电解产物时所需的电量，或根据所得产物的量计算电流效率等。实际电解中，由于电解槽漏电，电极上有副反应等诸多原因，故所得电解产物的量总比按法拉第定律计算的理论值低。将实际所得物质的量与根据电量消耗按法拉第电解定律计算出的理论量之比称为电流效率。

2.4 电解质溶液的电导

2.4.1 电导率

基本概念：金属的导电能力一般用电阻 R 表示，但对于电解质溶液，习惯上采用电

导 G 表示。电导等于电阻的倒数 $G=1/R$，它的单位是 Ω^{-1}，一切导体的电阻都服从下式：

$$R = PL/A$$

式中 L——导电长度，m；

A——导体的横截面积，m^2；

P——电阻率，或比电阻 $\Omega \cdot m$。

$$G = \frac{1}{R} = \frac{1}{\rho} \cdot \frac{A}{L}$$

令$\frac{1}{\rho}=K$，K 为电导率，或比电导。

所以

$$G = K \cdot \frac{A}{L}$$

K 相当于边长为 1m 的立方导体的电导，对于离子导体，它相当于电极面积为 $1m^2$，极间距为 1m，中间放置 $1m^3$ 的电解质溶液的电导。电导率示意图如图 2-1 所示，电导池如图 2-2 所示。

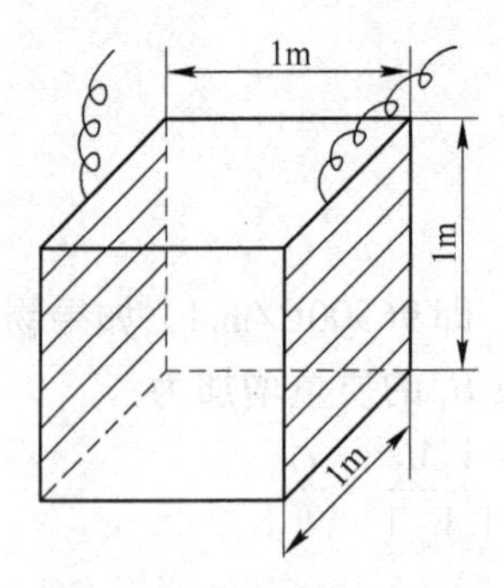

图 2-1 电导率示意图

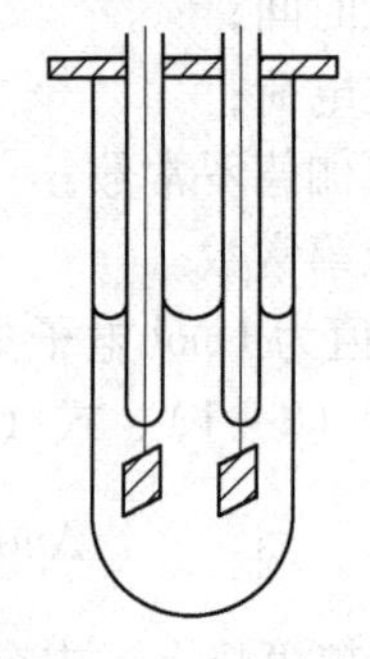

图 2-2 电导池

实验室中测定电解质溶液导电率的方法是把待定的电解质溶液装入电导池中，用惠斯顿电桥测定电导池的电阻 R_X，再求得电导率 K。同时，在测定时，为避免电极发生反应应采用高频交流电源。

由式 $K=G\frac{L}{A}$，又因为 $G=\frac{1}{R_X}$，所以 $K=\frac{1}{R_X}\cdot\frac{L}{A}$。

可见，只要测出 R_X，并已知 L/A，即可求电解质溶液的电导率 K。

在测定电解质溶液的电导时，确定 L/A 是困难的，因为电解质溶液不仅处于两个电极之间，而且充满整个导电池，电流要通过整个电解质的溶液，因此 L/A 不能根据电极的面积和极间距直接计算。但是当导体的形状、电极配置和实验所取得电解质溶液的体积一定时，L/A 就应当为一常数，称为电导池常数。通常实验室中应用已知电导率的溶液来测定电导池常数，实验时，将一定浓度一定体积的 KCl 溶液盛于电导池中，测出 R_X，利用$K=\frac{1}{R_X}\cdot\frac{L}{A}$；代入已知电导率，就可求得电导池常数 L/A，在测定待测电解质溶液的 R_X 时，要用同一电导池，取相同体积的溶液进行测定。KCl 溶液的电导率已由前人在待定的电导池中精确地测定过。

2.4.2 影响电导率的因素

一些电解质电导率随浓度的变化如图 2－3 所示。

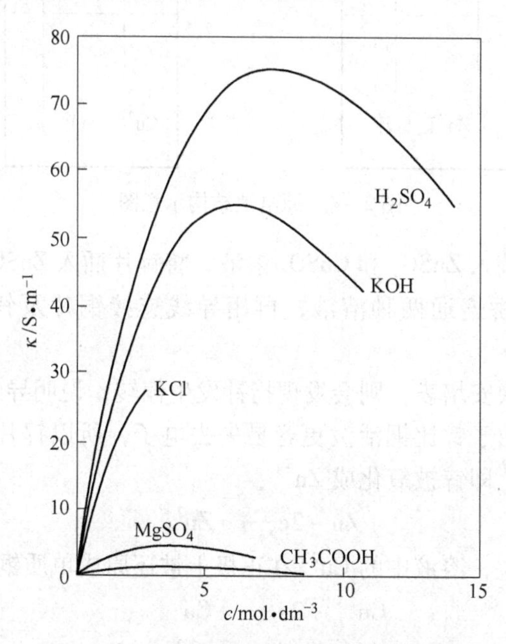

图 2－3 一些电解质电导率随浓度的变化

在实验测得几种电解质水溶液的电导率与浓度的关系如图 2－3 的曲线所示，曲线上有最高点存在。在最高点的左方，随着浓度增加，电导率上升，在最高点的右方，随着浓度的上升，电导率反而下降。最高点存在，说明必然有两种相反的因素在起作用。这两种因素是：单位体积内离子数目的多少和离子本身活动能力的大小。对强电解质而言，可以认为它在溶解状态下全部离解为离子，随着浓度的增加，$1m^3$ 中离子的数目增加，这个因素促使电导率减小。浓度较低时，前者起主要作用；浓度较高时，后者起主要作用。由于两个因素的互相影响，所以导致电导率有一最大值出现。对弱电解质来说，因为它是部分离解的，离子数目少，离子间距离大，故可以忽略离子间的静电引力作用。曲线上最大值的出现，是由于离解度 α 也很小，但单位体积内的离子数目仍然是增加的。由于随着浓度增加而降低得太快，当浓度增大到一定程度后，单位体积内的离子数目反而减少，所以电导率出现了最大值。

随着温度升高，离子活动能力增大（溶剂化作用减弱）离解度增大、溶剂黏度降低，即离子的运动阻力减少，所以，电解质溶液的电导率随着温度的升高而增大。一般水溶液中，每增加 1℃，电导率约增加 2%～2.5%。

2.4.3 原电池

原电池是把化学变化释放出来的能量转变为电能的装置。

现以铜锌原电池为例说明其原理，原电池结构如图 2－4 所示。

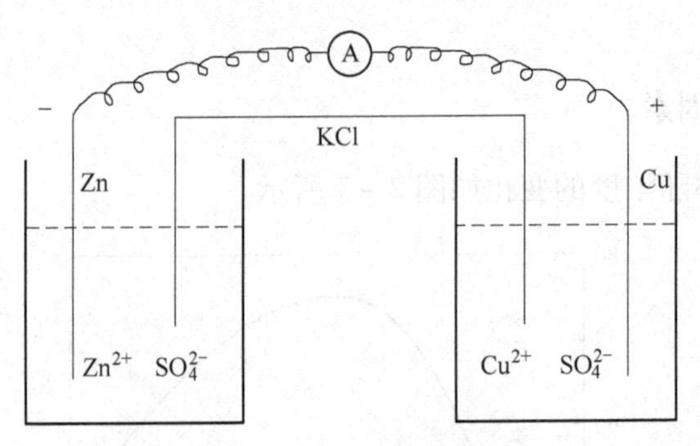

图2－4 原电池结构示意图

在两个烧杯中分别装入$ZnSO_4$和$CuSO_4$溶液，将锌片插入$ZnSO_4$溶液中，将铜片插入$CuSO_4$溶液中，再用盐桥连通两种溶液，再用导线连接铜片及锌片，这样便构成了原电池。

若在导线中串入一块安培表，则会发现指针发生偏转，说明导线中有电流通过。

在铜锌原电池中，由于锌比铜活泼更容易失去电子，所以锌片为负极，铜片为正极。锌负极上发生氧化反应，即锌被氧化成Zn^{2+}：

$$Zn - 2e \longrightarrow Zn^{2+}$$

铜正极发生还原反应，溶液中的Cu^{2+}在正极上被还原成单质铜而在正极上析出：

$$Cu^{2+} + 2e \longrightarrow Cu$$

总反应为：

$$Zn + Cu^{2+} \longrightarrow Zn^{2+} + Cu$$

当锌片上的锌氧化成Zn^{2+}进入溶液中时，溶液中由于Zn^{2+}增加而带正电荷，而$CuSO_4$溶液中由于Cu^{2+}减少而带负电荷，这样就阻碍了反应的进行。此时要用“盐桥”来连接两种溶液，由于桥内K^+和Cl^-可以自由移动，K^+移向$CuSO_4$溶液，中和过多的负电荷，Cl^-移向$ZnSO_4$溶液，中和过多的正电荷，这样就保持了溶液的电中性，使得两极反应继续进行，电流就能继续进行。这种电池可用符号表示为：

$$(-)Zn \mid ZnSO_4 \parallel CuSO_4 \mid Cu(+)$$

2.4.4 原电池符号写法

（1）按照负极在左，正极在右的顺序，逐一写出组成原电池的各种物质，并标明状态，气体分压、溶液浓度等；

（2）在有相界处，用单线“｜”或逗号“,”表示出来；

（3）如两极的溶液不止一种，或同种溶液浓度不同，则液界面间也应以单线表示，但在实验室中常插入盐桥以消除这种液体接界电势，此种情况用双线“‖”表示；

（4）气体不能直接作电极，必须附以不活泼的金属，电池符号中通常要注明此金属，但有时也可略去不写。

根据上述丹尼尔电池应表示如下：

$$Zn_{(S)} \mid ZnSO_{4(m11)} \parallel CuSO_{4(m2)} \mid Cu_{(S)}$$

有气体的电极组成的电池，如$Pt, H_2(P_{H_2}) \mid HCl_{(m)} \mid Cl_2(P_{Cl_2}), Pt$。

2.4.5 电极（半电池）的种类

电极（半电池）是构成电池的基本单元，每个电池均由两个半⇌电池组成，电极的类型有以下几类：

（1）第一类电极，它是由金属—金属离子组成的，即把金属插入到该金属离子的溶液中组成电极，其电极反应为：

$$Zn^{2+} + 2e \underset{\text{氧化}}{\overset{\text{还原}}{\rightleftharpoons}} Zn$$

究竟反应向哪个方向进行，由组成电池时该电极是正极（阳极）还是负极（阴极）决定，在不活泼金属上附有气体，并插入到含有该气体离子溶液中所组成的电极，也属于第一类电极，如氯电极：

$$Pt, Cl_2 \mid KCl$$

电极反应为：
$$\frac{1}{2}Cl_2 + e \underset{\text{氧化}}{\overset{\text{还原}}{\rightleftharpoons}} Cl^-$$

（2）第二类电极，它是由金属，该金属的难溶物质，以及这种难溶物质有相同阴离子的可溶性电解质溶液组成的电极，如甘汞电极：

$$Hg_{(1)}, Hg_2Cl_{2(S)} \mid KCl_{(m)}$$

电极反应为：
$$\frac{1}{2}Hg_2Cl_2 + e \underset{\text{氧化}}{\overset{\text{还原}}{\rightleftharpoons}} Hg_{(1)} + Cl^-$$

根据所用的KCl溶液浓度不同，甘汞电极有饱和甘汞电极、当量甘汞电极（KCl的溶液浓度为1mol/L）和0.1M当量甘汞电极三种，25℃时的各电极电势为：

饱和甘汞电极： +0.2412V

当量甘汞电极： +0.2810V

0.1M当量甘汞电极： +0.3337V

（3）第三类电极，这是把惰性金属Pt或石墨插在含有同一种元素两种不同氧化态离子的溶液中组成的电极，如$Pt \mid Fe^{3+}, Fe^{2+}$，电极反应为：

$$Fe^{3+} + e \underset{\text{氧化}}{\overset{\text{还原}}{\rightleftharpoons}} Fe^{2+}$$

2.4.6 电池反应

以丹尼尔电池为例，负极是锌，电池在放电时，Zn不断溶解下来，发生氧化反应：$Zn - 2e \rightarrow Zn^{2+}$，而在正极上，$Cu^{2+}$离子不断得到电子，发生还原反应：$Cu^{2+} + 2e \rightarrow Cu$，整个电池反应是两个电极反应之和：$Zn + Cu^{2+} \rightarrow Zn^{2+} + Cu$。

由此可得出如下结论：电池放电时，负极发生氧化反应，正极发生还原反应。将两极的反应式相加，消去电子，即电池反应。

电池中两个电极也可以称为阳极和阴极。它们划分依据是：凡是发生氧化反应的电极称为阳极，凡是发生还原反应的电极称为阴极。因此，原电池正极是阴极，负极是阳极，应用时应加以注意，一般原电池的电极常称为正、负极，而电解池和腐蚀电池的电极常称为阴、阳极。

2.4.7 可逆电池与不可逆电池

电池可分为可逆电池和不可逆电池两种。

可逆电池满足以下要求：

（1）在电池构造方面，构成电池的两极必须是可逆的，即有相反方向的电流通过电极时所进行的电极反应必须恰好相反。

（2）在工作条件方面，电池无论是放电或充电时，都要在电流极微小的条件下进行，即同一电势下进行。

2.5 电极电势

2.5.1 电动势的产生

当两个不同的导体互相接触时，常常在相间产生电势差。在原电池中包含着许多两两相互接触的导电相。因而在原电池中存在着一系列的电势差。下面丹尼尔电池为例具体分析。

把构成电池的所有各相排成一排，用“|”表明各相间的界面，用φ表示1相对2相的电势差，则：

$$\begin{array}{ccccccccc} Cu & | & Zn & | & Zn & | & Cu & | & Cu \\ & Zn\varphi Cu & & Zn^{2+}\varphi Cu & & Cu^{2+}\varphi Zn^{2+} & & Cu\varphi Cu^{2+} & \end{array}$$

双电层结构如图2-5所示。

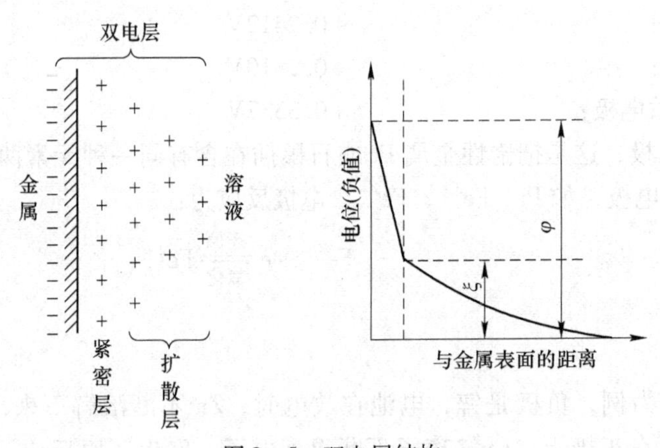

图2-5 双电层结构

$Zn\varphi Zn^{2+}$、$Cu\varphi Cu^{2+}$是电极与溶液的电势差。金属晶格是由按一定规律排列的金属阳离子，以及在其间流动着的电子（称为电子气）组成的，在一般情况下，例如在真空中或在气相中，金属离子所具有的动能不足以克服金属晶格对它的引力而脱离金属表面。但与水接触时，由于水分子的极性很大，它的负端对金属阳离子有强烈的吸引力，致使金属阳离子进入溶液中的趋势大为增加。当金属阳离子进入溶液以后，溶液与金属的电中性就被破坏，金属缺少了正电荷而带负电，溶液增加了阳离子而带正电。由于正负电荷的相互吸引，所以在金属与溶液界面上形成了双电层，如图2-5所示。双电层的电位差阻止了金属离子进一步溶入溶液，同时又促进了溶液中的阳离子返回到金属上去，最后达到了平衡。此时，金属离子自金属转入溶液的速度与溶液中金属离子返回到金属表面的速度相等。在此平衡条件下，双电层建立了一定的电位差，这就是 $Zn\varphi Zn^{2+}$ 或 $Cu\varphi Cu^{2+}$。

由于金属的化学性质不同，故开始时溶液中的某种金属离子沉积在金属电极上的速度也可能大于金属离子进入溶液的速度。如果这样，达到平衡时金属表面就带正电，溶液带负电，也形成有一定电位差的双电层。

至于双电层结构，近代研究结果认为，溶液中与金属电极符号相反的离子，并不都被紧紧地吸引在电极表面附近。这种离子的排列受到两种作用的影响，一方面，离子受到金属电极上异号电荷的吸引，趋向于紧密地排列在金属表面附近；另一方面，离子热运动所产生的扩散作用，则力图使离子均匀地分散到溶液中。这两方面作用的结果，使双电层中溶液一侧只有一部分离子紧靠金属表面排列着，其余的离子则分散到离开电极表面稍远的地方（见图2-5）。前一部分称为紧密层，后一部分称为扩散层。电极与溶液间的电位差包括这两部分在内，其大小与双电层的结构无关。对极稀的溶液来说，可以认为在外电场的作用下，整个扩散层均能相对于电极表面运动，所以扩散层的电位差也称为动电电位 ζ，它在界面化学中占有重要地位。$Zn\varphi Cu$ 是两金属间的接触电位差。因为在使用电池和测定电动势时，必然要用导线将两极连接起来，所以在电动势的数值中包括两电极金属的接触电位差。金属中自由电子经常进行着不规则的热运动，由于各种金属中阳离子对自由电子的亲和力不同，单位体积中自由电子数也不同，故两种金属相互接触时，将发生电子由一相向另一相的转移，使一种金属带正电，另一种金属带负电。这就是接触电位差产生的原因。随着电子的转移，在两相界面间形成了双电层，该双电层的电场阻止了电子的进一步转移，最后建立起稳定的电位差。根据物理学得知，接触电位差的大小随相接触的两种金属而异，它的大小由十分之几伏特到几伏特。

显然，电池的电动势应当是电池各个相界面间电位差的代数和：

$$E = Zn\varphi Cu + Zn\varphi Zn^{2+} \text{或} + Cu\varphi Cu^{2+}$$

2.5.2 氢标的电极电位

电动势可以表示为：

$$E = \varphi_+ - \varphi_-$$

式中，φ_+、φ_- 分别表示正极的电极电位和负极的电极电位。因此，任何一个电池都可以看成是由两个半电池所组成的，电池的电动势就等于正极的电极电位减去负极的电极电位。如果能够测得半电池的电极电位，就可以很方便地求出电池的电动势。但目前尚不能测得 φ 的绝对值，因为任何仪器的测量都需要用导线连接，当将此导线插入溶液中测量该电极的电位时，实际上又形成了另一个半电池。所以测出的是电动势，而不是电极电位的绝对值。

为了解决这个问题，可选择一个电极，令其电位为零，作为统一的参比标准。把其他电极与该电极所组成电池的电动势作为这些电极的电极电位。按这种规定所得的电极电位虽然是相对的，但在实际应用中，只要知道相对值就够了。

在电化学上，统一采用标准氢电极作为参比标准，规定其电位等于零。这样所得的电极电位称为氢标的电极电位，以符号 φ 表示。

把镀有铂黑的铂片插入氢离子活度为 1 的溶液中，以 1 大气压的纯氢气冲打在铂片上，溶液也被氢气所饱和，用铂片保持氢气与 H^+溶液的相互接触。

在测定电动势时，把待测电极与标准氢电极组成电池，测得的电动势就是待测电极的氢标电极电位。如果待测电极是正极，则其电极电位是正的，反之，如待测电极是负极，则电极电位是负的。

根据氢标电极电位的定义，如待测电极是正极时，电位为正，它所进行的反应是还原反应，所以这样规定的电极电位又称为还原电位。

$$\varphi = \varphi^{\ominus} + \frac{RT}{zF}\ln\frac{a_{氧}}{a_{还}}$$

上式称为能斯特公式。为了标出电极的种类以及表明其电位是还原电位，往往在 φ 的右下角标明氧化态/还原态。如铜电极电位写成 $\varphi_{Cu^{2+}/Cu}$，锌电极电位写成 $\varphi_{Zn^{2+}/Zn}$ 等。

25℃时水溶液中一些电极的标准电极电位见表 2－1。

表 2－1　25℃时水溶液中一些电极的标准电极电位

电　极	电极反应	$\varphi^{\ominus}$/V
	对阳离子可逆的电极	
$Li^+ \mid Li$	$Li^+ + e \rightleftharpoons Li$	−3.045
$Rb^+ \mid Rb$	$Rb^+ + e \rightleftharpoons Rb$	−2.925
$K^+ \mid K$	$K^+ + e \rightleftharpoons K$	−2.924
$Ba^{2+} \mid Ba$	$Ba^{2+} + 2e \rightleftharpoons Ba$	−2.90
$Sr^{2+} \mid Sr$	$Sr^{2+} + 2e \rightleftharpoons Sr$	−2.89
$Ca^{2+} \mid Ca$	$Ca^{2+} + 2e \rightleftharpoons Ca$	−2.76
$Na^+ \mid Na$	$Na^+ + e \rightleftharpoons Na$	−2.7109
$Mg^{2+} \mid Mg$	$Mg^{2+} + 2e \rightleftharpoons Mg$	−2.375
$Mn^{2+} \mid Mn$	$Mn^{2+} + 2e \rightleftharpoons Mn$	−1.029
$Zn^{2+} \mid Zn$	$Zn^{2+} + 2e \rightleftharpoons Zn$	−0.7628
$Cr^{3+} \mid Cr$	$Cr^{3+} + 3e \rightleftharpoons Cr$	−0.74
$Fe^{2+} \mid Fe$	$Fe^{2+} + 2e \rightleftharpoons Fe$	−0.441
$Cd^{2+} \mid Cd$	$Cd^{2+} + 2e \rightleftharpoons Cd$	−0.4026
$Co^{2+} \mid Co$	$Co^{2+} + 2e \rightleftharpoons Co$	−0.28
$Ni^{2+} \mid Ni$	$Ni^{2+} + 2e \rightleftharpoons Ni$	−0.25
$Sn^{2+} \mid Sn$	$Sn^{2+} + 2e \rightleftharpoons Sn$	−0.1364
$Pb^{2+} \mid Pb$	$Pb^{2+} + 2e \rightleftharpoons Pb$	−0.1263
$H^+ \mid H_2$	$H^+ + e \rightleftharpoons 1/2H_2$	0.000
$Cu^{2+} \mid Cu$	$Cu^{2+} + 2e \rightleftharpoons Cu$	0.3402
$Cu^+ \mid Cu$	$Cu^+ + e \rightleftharpoons Cu$	0.522

续表 2-1

电　　极	电 极 反 应	$\varphi^{\ominus}$/V
Hg_2^{2+} | 2Hg	$Hg_2^{2+} + 2e \rightleftharpoons 2Hg$	0.7961
Ag^+ | Ag	$Ag^+ + e \rightleftharpoons Ag$	0.7996
Hg^{2+} | Hg	$Hg^{2+} + 2e \rightleftharpoons Hg$	0.851
Au^+ | Au	$Au^+ + e \rightleftharpoons Au$	1.68
对阴离子可逆的电极		
Te^{2-} | Te	$Te + 2e \rightleftharpoons Te^{2-}$	-0.92
Se^{2-} | Se	$Se + 2e \rightleftharpoons Se^{2-}$	-0.78
S^{2-} | S	$S + 2e \rightleftharpoons S^{2-}$	-0.508
SO_4^{2-}，$PbSO_{4(s)}$ | Pb	$PbSO_{4(s)} + 2e \rightleftharpoons Pb + SO_4^{2-}$	-0.356
I^-，$AgI_{(s)}$ | Ag	$AgI_{(s)} + e \rightleftharpoons Ag + I^-$	-0.1519
Br^-，$AgBr_{(s)}$ | Ag	$AgBr_{(s)} + e \rightleftharpoons Ag + Br^-$	0.0713
Cl^-，$AgCl_{(s)}$ | Ag	$AgCl_{(s)} + e \rightleftharpoons Ag + Cl^-$	0.2223
OH^-，H_2O | O_2	$1/2O_2 + H_2O + 2e \rightleftharpoons 2OH^-$	0.401
I^- | I_2	$1/2I_{2(s)} + e \rightleftharpoons I^-$	0.535
Br^- | Br_2	$1/2Br_{2(l)} + e \rightleftharpoons Br^-$	1.065
Cl^- | Cl_2	$Cl_{2(g)} + e \rightleftharpoons Cl^-$	1.3583
F^- | F_2	$1/2F_{2(g)} + e \rightleftharpoons F^-$	2.87
氧化还原电极		
Pt| Cr^{2+}，Cr^{3+}	$Cr^{3+} + e \rightleftharpoons Cr^{2+}$	-0.41
Pt| Sn^{2+}，Sn^{4+}	$Sn^{4+} + 2e \rightleftharpoons Sn^{2+}$	0.15
Pt| Cu^+，Cu^{2+}	$Cu^{2+} + e \rightleftharpoons Cu^+$	0.158
Pt| MnO_2，MnO_4^-，OH^-	$MnO_4^- + 2H_2O + 3e \rightleftharpoons MnO_2 + 4OH^-$	0.588
Pt| 氢醌，醌，H^+	$C_6H_4O_2 + 2H^+ + 2e \rightleftharpoons C_6H_4(OH)_2$	0.6995
Pt| Fe^{2+}，Fe^{3+}	$Fe^{3+} + e \rightleftharpoons Fe^{2+}$	0.770
Pt| Tl^+，Tl^{3+}	$Tl^{3+} + 2e \rightleftharpoons Tl^+$	1.247
Pt| $PbSO_4$，PbO_2，H_2SO_4	$PbO_2 + 4H^+ + SO_4^{2-} + 2e \rightleftharpoons PbSO_4 + 2H_2O$	1.685

2.5.3 标准电极电势

在能斯特公式中，是指该电极的标准电势，既参与电极反应的所有物质都处于活度为1标准状态时的电极电势。目前已测得许多电极的标准电极电势，按照顺序排列成表格，称为标准电极电势表。表2-1为25℃下水溶液中某些电极的标准电极电势。由此可见，$\varphi^{\ominus}_{H^+/H_2} = 0.000V$，$\varphi^{\ominus}_{Cu^{2+}/Cu} = 0.337V$，说明标准铜电极的电位比标准氢电极的电位高

0.337V。$\varphi^{\ominus}_{Zn^{2+}/Zn} = -0.74V$，说明标准锌电极的电位比标准氢电极的电位低0.74V。

从电极电位表中还可以看到，越在前面的电极，$\varphi^{\ominus}$ 越负，亦即比标准氢电极的电位越低，越容易失去电子进行氧化反应。越在后面的电极，$\varphi^{\ominus}$ 越正，比标准氢电极的电位越高，越容易进行还原反应。由此可知，由任意两个标准电极组成电池时，表中后面的电极应作正极，前面的电极应作负极。

2.6 电极的极化

2.6.1 电极的极化

在研究可逆电池和可逆电极时，因电极处于平衡状态，所以没有电流通过。但当研究电解和电池放电时，因电极上有一定大小的电流通过，电极和电池的平衡遭到不同程度的破坏，反应以一定的速率进行，研究电极反应的速率以及反应机理的学科称为电极过程动力学。

通常，多向反应动力学是以单位时间内，单位表面上物质发生变化的量来表示反应速率的。对于电极过程，根据法拉第电解定律，单位时间内，电极上发生变化物质的量与电流强度成正比，因此通常电流强度来表示反应速率。电流密度就是单位电极面积上的电流强度，以 A/m^2 为单位。I 越大，反应速率越快。影响电流密度的因素除温度、浓度以外，还有电极电势，而且电极电势是最重要的因素。

电极上没有电流通过时，电极处于平衡状态，与之相对应的电位称为平衡电位 φ_e。而有电流通过电极时，电极电位偏离了平衡值，这种现象称为电极的极化。为了表示电极极化的大小，常将某一电流密度下电位 φ 与平衡电位 φ_e 之差的绝对值称为过电位，用 η 表示：

$$\eta = |\Delta\varphi| = |\varphi - \varphi_e|$$

实验表明，电流在阳极上通过时，电极电位向正方向移动，$\varphi > \varphi_e$，称为阳极极化；电流在阴极上通过时，电极电位向负方向移动，即 $\varphi < \varphi_e$，称为阴极极化。阳极过电位，$\eta_{阳} = \Delta\varphi_{阳}$，阴极过电位，$\eta_{阴} = \Delta\varphi_{阴}$。实验还表明，过电位是随电流密度的增加而增大的，所以严格地讲，指出过电位的数值时，应当同时指出电流密度。

2.6.2 过电势产生的原因

根据极化产生的原因，可把极化分成两类，电化学极化和浓差极化，与之相应的过电位称为活化过电位和浓差过电位。现以 Zn^{2+} 离子的阴极还原为例，分述过电势产生的原因。

2.6.2.1 电化学极化

在平衡电位下，电极上进行着两个速度相等而方向相反的过程：

$$Zn^{2+} + 2e \rightleftharpoons Zn$$

此时电极表面上电荷密度一定。若从电极上移去电子，则平衡向左移动，发生氧化反应；反之，若对电极供给电子，则平衡向右移动，发生还原反应。如果供给电子的速度无限小，而 Zn^{2+} 与电子的结合速度又相当快，则可在维持平衡电位不变的条件下进行还原。亦即所有外电路来的电子，只要到达电极表面，便立刻被 Zn^{2+} 的还原反应消耗掉，因而电极表面的带电状态不变，电极电位也不变。实际上，外电流不是无限小，而 Zn^{2+} 的还原速度也不是无限大，所以在外电源把电子供给电极以后，Zn^{2+} 来不及将其全部消耗掉，这样，电极表面就积累了过剩电子，使电位偏离了平衡值，向负方向移动（阴极极化）。电子的积累促进了 Zn^{2+} 的还原过程，使反应以一定的速度进行，即有一定的电流密度。因此，在一定的电流密度时，有一定的过电位。同理，由于电极上锌失电子的迟缓，所以电极发生氧化反应时，电极电位必向正方向移动。这种由于电化学反应的迟缓而引起的极化叫电化学极化，电极电位相对于平衡值的改变量称为活化过电位，用 η_a 表示。实验表明，当电极上析出气体（如氢和氧）时，电化学极化尤为明显。

2.6.2.2 浓差极化

即使 Zn^{2+} 与电子结合的反应进行得很快，但由于反应消耗了电极表面附近溶液中的 Zn^{2+}，而 Zn^{2+} 的扩散速度又较慢，结果 Zn^{2+} 的供应不足，使电极表面附近的 Zn^{2+} 贫化，造成 $Zn^{2+} + 2e = Zn$ 的还原反应难以进行，于是，在电极表面上也要发生电子的积累，使电位向负方向移动。这相当于把电极浸在一个较稀的溶液中，使其电位偏离按照溶液总体浓度计算出的平衡值。由式：

$$\varphi_{Zn^{2+}/Zn} = \varphi^{\ominus}_{Zn^{2+}/Zn} + \frac{RT}{2F}\ln a_{Zn^{2+}}$$

可见，$a_{Zn^{2+}}$ 变小时，$\varphi_{Zn^{2+}/Zn}$ 向负方向移动。同理，对于阳极溶解过程来说，当电极表面附近溶液中的产物发生聚集而不能及时疏散开时，电极就相当于浸在一个较浓的溶液中，从而使电位向正方向移动。由于反应物向电极表面传递或生成物向溶液深处疏散速度的迟缓而引起的极化叫浓差极化。电极电位相对于平衡值的改变量称为浓差过电位，用 η_c 表示。

浓差极化是阴极析出金属时产生极化的主要原因。通常观察到的过电位，是 η_a 与 η_c 之和。

2.6.3 极化曲线

2.6.3.1 极化曲线

为了深入了解电极过程的不可逆性，通常要讨论电流密度与电极电位的关系。实验测得的电流密度与电极电位之间的关系曲线，称为极化曲线，如图 2－6 所示，电解槽如图 2－7 所示。

2.6.3.2 电解槽与原电池极化的区别

如前所述，阴极极化时，电极电位向负的方向移动；阳极极化时电极电位向正的方向移动，这种关系无论在电解槽还是在原电池中均成立。但在电流通过电解槽和原电池时，所引起的端点电位差的变化却不相同。

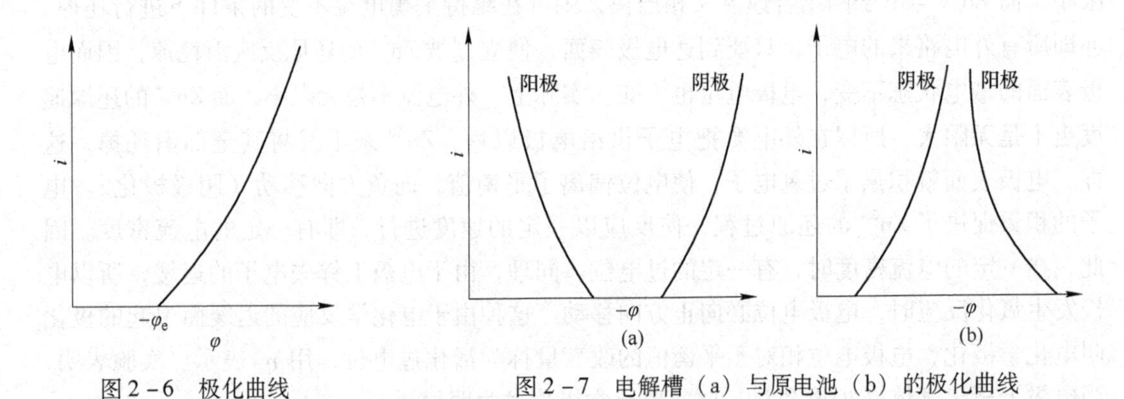

图 2 - 6　极化曲线　　　　图 2 - 7　电解槽（a）与原电池（b）的极化曲线

在电解槽中，阳极电位较正，阴极电位较负，如图 2 - 7 所示，阳极极化曲线应位于阴极极化曲线的左侧。随着电流密度的增加，阳极电位越来越正，阴极电位越来越负，所以电解槽的端电压也随之增大。因此，电流密度 i 越大，电解所消耗的能量也越多。在原电池中刚好相反，阳极电位较负，阴极电位较正，阴极极化曲线位于阳极极化曲线的左侧。随着电流密度 i 的增加，阴极电位变负，阳极电位变正，所以原电池的端点电位差，随着电流密度 i 的增大而减小，即随着放电电流密度的增大，原电池做的电功应减小。

在讨论单电极的极化问题时，完全可以不考虑这个电极是在电解槽中工作还是在原电池中工作，只要注意到它是阳极还是阴极即可。但研究由两个电极组成的体系——电解槽和原电池的端点电位差时，就必须注意到它们的差别。

2.6.4　极限电流

浓差极化是电极极化的一种，它在金属电解精炼时，是极化的主要形式。假设只有浓差极化，测得的阴极极化曲线如图 2 - 8 所示。由图 2 - 8 可见，当电位达到 P 点以后，离子开始在阴极上析出，并且电位中越负，电流密度越大。到达 C 点以后，即使电位进一步变负，电流也不再增加，在极化曲线上出现一水平段 CD，CD 段的电流密度称为该离子的极限电流密度。由于溶液中往往还存在其他离子，在更负的电位下会出现其他离子的放电过程，所以极化曲线经过水平阶段后又会上升。

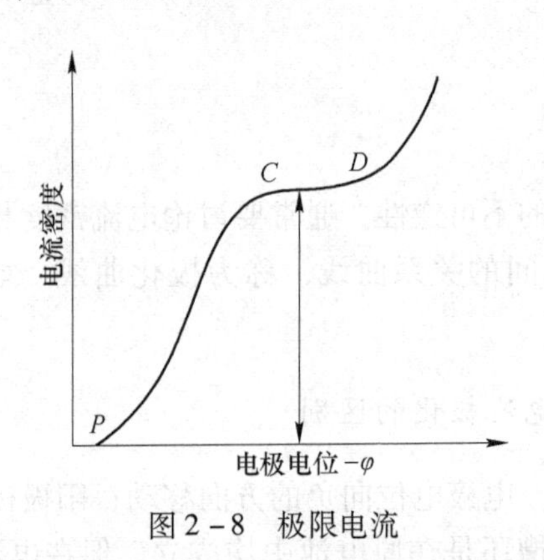

图 2 - 8　极限电流

电解时，由于放电阳离子在电极上析出，它在电极附近的浓度就要降低。离子放电之所以能稳定进行，是由于溶液本体不断向阴极附近输送离子进行补充之故。如果放电阳离子向电极附近输送的速度慢，而电化学反应速度又较快，那么整个电极过程就由这个输送过程来控制，亦即整个极化决定于浓差极化，电流密度的大小决定于该离子的输送速度。

放电阳离子向阴极表面的输送方式有两种，一种是在电场的作用下，阳离子从溶液内部向阴极迁移；另一种是因为这种阳离子在阴极表面和溶液本体内浓度不同，存在着浓度差，通过扩散作用向阴极表面移动。前一种作用产生的电流密度称为迁移电流密度，后一种作用产生的电流密度称为扩散电流密度。

2.7 分解电压与离子的共同放电

2.7.1 分解电压与槽电压

2.7.1.1 理论分解电压

分解电压测定如图 2－9 所示。

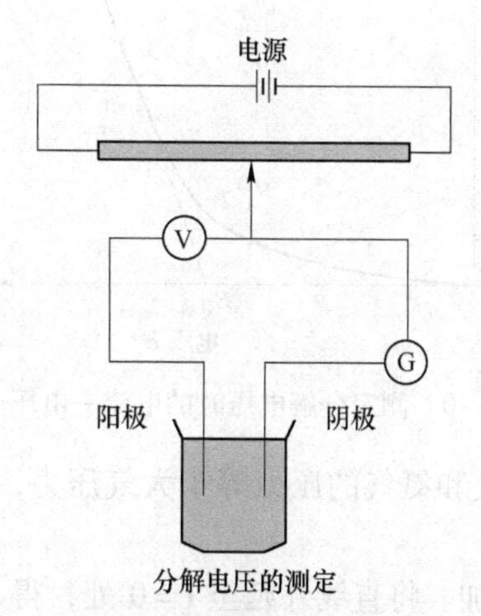

图 2－9 分解电压测定

（注：该装置的电极为铂电极）

一个自发的化学反应，可将其装成电池对外作电功（$E>0$），反之，又可利用电能使自发反应逆向进行，即进行电解。例如反应 $H_2+1/2O_2 = H_2O$ 可以装成 H_2-O_2 电池。反之，又可通电使水电解：

$$H_2O = H_2 + 1/2O_2$$

在电解水的过程中，阴极产生氢气，阳极产生氧气。这样，在电解槽中就形成一个原电池。这一电池产生的电动势，其方向恰好和外加电压相反，所以把它称为反电动势 E。这一反电动势可以从热力学理论计算出来。通过热力学计算求出的电解产物所组成原电池的电动势，就是理论分解电压 E。

2.7.1.2 实际分解电压

理论分解电压是指在可逆条件下电解时所需的最小电压。然而，只有通过电解槽中的电流是无限小时，过程才是可逆的，但由于电解时终归要有一定大小的电流通过电极，所以电解是在不可逆条件下进行的。通常，把能使电解以明显速度进行所需的最小电压称为实际分解电压。这个电压要由实验测出。

使用铂电极电解 HCl，加入中性盐用来导电。

逐渐增加外加电压，由安培计 G 和伏特计 V 分别测定线路中的电流强度 I 和电压 E，画出 $I-E$ 曲线。

外加电压很小时，几乎无电流通过，阴、阳极上无 $H_2(g)$ 和 $Cl_2(g)$ 放出。

随着 E 的增大，电极表面产生少量氢气和氯气，但压力低于大气压，无法逸出。

测定分解电压时的电流—电压曲线如图 2－10 所示，所产生的氢气和氯构成了原电池，外加电压必须克服这反电动势，继续增加电压，I 有少许增加，如图 2－10 中 1—2 段所示。

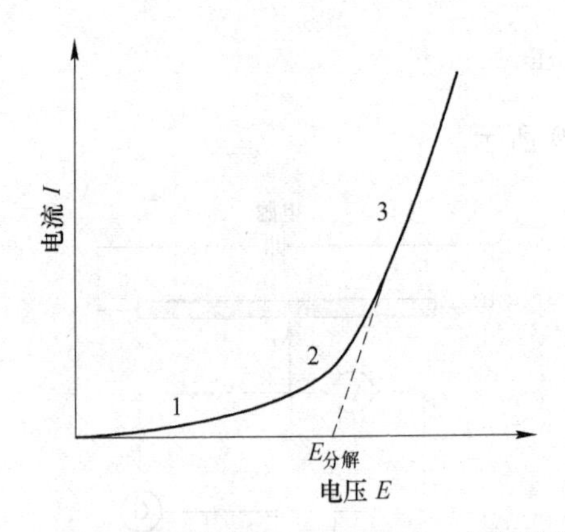

图 2－10 测定分解电压时的电流—电压曲线

当外压增至 2—3 段，氢气和氯气的压力等于大气压力，呈气泡逸出，反电动势达极大值 $E_{b,max}$。

再增加电压，使 I 迅速增加。将直线外延至 $I=0$ 处，得 E(分解) 值，这是使电解池不断工作所必需外加的最小电压，称为分解电压。

2.7.1.3 槽电压

工业电解时，阴阳极间实际测得的电压称为槽电压，用 $E_{槽}$ 表示。它包括如下各项：

$$E_{槽} = E_{理论} + \eta_{+} + \eta_{-} + \sum IR$$

式中 $E_{理论}$——理论分解电压；

η_{+}，η_{-}——正、负极的过电位；

IR——包括电解液以及电路中各部分电阻所产生的欧姆电位降。

2.7.2 离子的析出顺序和共同放电

对金属离子来说，从水溶液中开始进行电化沉积的电势，与平衡电势十分接近，可忽略其过电势，所以析出电势即平衡电势。其析出顺序是平衡电势越正的离子越能优先在阴极上放电，平衡电势越负的金属越能优先在阳极溶解。对气体来说，由于活化过电势比较大，故析出的顺序还要考虑其过电势。活化过电势通常可以用气泡过电势计算。这样，析出顺序应根据下列两式所定义的析出电势来确定：

阴极：　　$\varphi_{析} = \varphi_{e} - \eta_{-}$（气）

阳极：　　$\varphi_{析} = \varphi_{e} + \eta_{+}$（气）

比较实际电解时的电极电势和离子的析出电势，即可判断哪些离子在电极上放电。例如电解镍时，电解液中有 Na、Ni 等离子，而且活度接近 1，它们的平衡电势分别为 -2.71V、-0.25V，相差较远。工业电解镍的阴极电势为 -0.4V 左右，远未达到 Na 的平衡电势，所以 Ni 离子析出而 Na 离子不析出。但在考虑一些问题时，必须注意到离子放电后是否会与其他物质形成固溶体，或者是放电离子在溶液中是否与络合剂形成络合物等，因为这些情况会改变离子的析出电势。

当实际电解槽中的电极处于一定的电势时，有可能达到若干种离子的析出电势，因此会发生离子的共同放电。为了解此种情况下某种离子析出的极化行为，必须作出它的极化曲线。

随着电流密度的增大，两电极上的超电位也增大，阳极析出电位变大，阴极析出电势变小，使外加的电压增加，额外消耗了电能。

电池中两电极的极化曲线如图 2-11 所示。

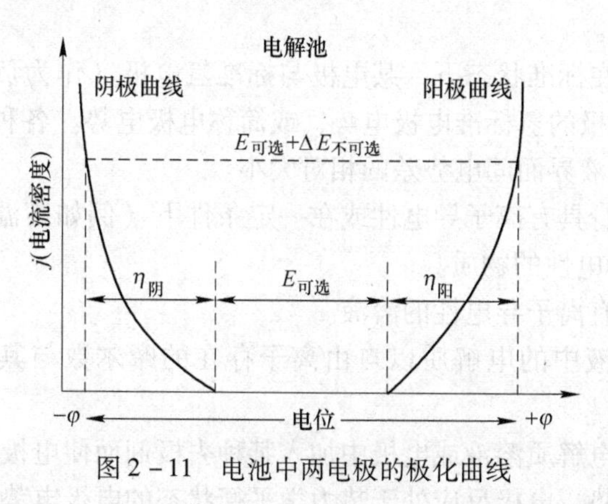

图 2-11　电池中两电极的极化曲线

2.8　冶金电化学基本概念

冶金电化学基本概念：

（1）电化学科学。研究电子导电相（金属、半导体）和离子导电相（溶液、固体电解质）之间的界面上所发生的各种界面效应的科学，即伴有电现象发生的化学反应的科学。

（2）电极。电子导电相和离子导电相相接触，且在相界面上有电荷的转移，整个体系称为电极。

（3）分解电势。能使电化学反应以明显速率持续进行的最小电势（不包括溶液的欧姆电压降）。

（4）不溶性阳极（惰性阳极）。电流通过时不发生阳极溶解反应的阳极。

(5) 电化学。研究化学能与电能相互转变及与此过程有关的现象的科学。

(6) 电化学极化(活化极化)。金属在电解质溶液中或金属表面覆盖液膜时，由于电化学反应使金属氧化的过程。

(7) 电化当量。电极上通过单位电量(例如1A·h，或1C)时，具有100%电流效率的电极反应所产生或消耗的物质的质量称为有关物质的电化学当量，通常以g/C或g/(A·h)表示。

(8) 电导率(比电导)。单位截面积和单位长度的导体之电导，通常以S/m表示。

(9) 电泳。液体介质中带电的胶体微粒在外电场的作用下相对液体的迁移现象。

(10) 电动势。原电池开路时两极间的电势差。

(11) 钝化电势。金属电极阳极极化时，金属阳极溶解速率突然下降的电势。通常腐蚀电流在达到钝化电势前经历一极大值。

(12) 腐蚀电势。金属材料在特定的腐蚀环境中自发建立的稳定电极电势。

(13) 电流密度。单位面积电极上通过的电流强度，通常以A/dm^2表示。

(14) 电流效率。电极上通过单位电量时，电极反应生成物的实际质量与电化当量之比，通常以%表示。

(15) 电极。置于导电介质(如电解液、熔融物、固体或气体)中的导体。电流通过它流入或流出导电介质。

(16) 电极电势。在标准状态下，某电极与标准氢电极(作为负极)组成原电池，所测得的电动势称为该电极的氢标准电极电势，或简称电极电势。各种电极的氢标准电极电势可以表示出电极与溶液界面间电势差的相对大小。

(17) 电解质。本身具有离子导电性或在一定条件下(例如高温熔融或溶于溶剂形成溶液)能够呈现离子导电性的物质。

(18) 电解液。具有离子导电性的溶液。

(19) 电离度。溶液中的电解质以自由离子存在的摩尔数与其总摩尔数之比，通常以%表示。

(20) 去极化。在电解质溶液或电极中加入某种去极剂而使电极极化降低的现象。

(21) 平衡电极电势。电极反应处于热力学平衡状态的电极电势。

(22) 正极。在原电池的两个电极中电势较正的电极。

(23) 负极。在原电池的两个电极中电势较负的电极。

(24) 阴极。发生还原反应的电极，即反应物于其上获得电子的电极。

(25) 阴极极化。当有电流通过时，阴极的电极电势向负的方向偏移的现象。

(26) 阳极泥。在电流作用下，阳极溶解过程中产生的不溶性残渣。

(27) 阳极极化。当有电流通过时，阳极的电极电势向正的方向偏移的现象。

(28) 超电势。电极上有电流通过时的电极电势与热力学平衡电极电势的差值。

(29) 极化。电极上有电流通过时，电极电势偏离其平衡值的现象。

(30) 极化曲线。描述电极电势与通过电极的电流密度之间的关系的曲线。

(31) 极间距。原电池或电解槽中两电极(正、负极或阴、阳极)之间的距离。

(32) 乳化。一种液体以极微小液滴均匀地分散在互不相溶的另一种液体中的现象。

(33) 析气。在电解过程中电极上有明显可见的气体析出现象。

（34）活化。用调整有效离子浓度，达到理想行为以消除电极表面的钝化状态。

（35）活度。在标准状态下，溶液中组分的热力学浓度，即校正真实溶液与理想溶液性质的偏差而使用的有效浓度。

（36）标准电极电势。在标准状态下，电极反应中所有反应物与产物的活度（或逸度）均等于1的平衡电势。

（37）钝化。在一定溶液中使金属阳极极化超过一定数值后，金属溶解速率不但不增大，反而剧烈减小，这种使金属表面由活化态转变为钝态的过程称为钝化。由阳极极化引起的钝化为电化学钝化，而由溶液中某些钝化剂的作用引起的钝化则称为化学钝化。

（38）浓差极化。电极有电流通过时，由电极表面附近的反应物或产物浓度变化引起的极化。

（39）电化学极化。由于电极表面得、失电子的电化学反应的迟缓，而引起的电极电位偏离平衡电位（稳定电位）的现象。

（40）化学钝化。金属在氧化剂或钝化剂作用下引起的钝化。

（41）半电池。单一电极与电解质溶液所构成的体系。

（42）原电池。将化学能直接转变为电能的装置。一个原电池可以看作是由两个半电池组成的。

（43）pH值。氢离子活度的常用对数的负值。

（44）溶度积。在一定温度下难溶电解质饱满和溶液中相应的离子浓度的乘积，其中各离子浓度的幂次与它在该电解质电离方程式中的系数相同。

（45）溶解度。在一定的温度和压力下，在100g溶剂中所能溶解溶质最大的克数。

（46）槽电压。电解时单元电解槽两极间总电势差。

（47）内应力。在电镀过程中由于种种原因引起镀层晶体结构的变化，使镀层被拉伸或压缩，但因镀层已被固定在基体上，遂使镀层处于受力状态，这种作用于镀层的内力称为内应力。

复习题

2-1 概念题

掌握以下概念：

（1）法拉第电解定律。

（2）电导率。

（3）原电池。

（4）标准电极电势。

（5）电极的极化。

（6）过电势。

（7）极限电流。

（8）理论分解电压、实际分解电压、槽电压。

2－2　填空题

（1）原电池是将（　　）转化为（　　）的装置，电解池是将（　　）转化为（　　）的装置。

答：化学能；电能；电能；化学能

（2）随着温度的升高，离子的迁移速度（　　），溶液的黏度（　　），导电率（　　）。

答：越快；越小；越高

（3）根据极化产生的原因，极化可分为（　　）和（　　）。

答：电化学极化；浓差极化

（4）在阴极沉积物形成过程中，有（　　）的形成和（　　）的长大两个并列进行的过程。

答：晶核；晶体

（5）实际析出电位与理论析出电位的差值，称为（　　）。

答：超电压

（6）电极附近的离子浓度变化而引起的电极发生变化的现象称（　　）极化。

答：浓差极化

（7）根据极化产生的原因，可将极化分为（　　）两类。

答：电化学极化、浓差极化

2－3　判断题

（1）电解槽的阴极与电源正极相连。（　　）

答：×

（2）凡是在水溶液或熔化状态下能导电的化合物称为电解质。（　　）

答：√

（3）在外加电能的作用下使电解质分解，在电极上发生氧化－还原反应的过程，称为电解。（　　）

答：√

（4）酸和碱反应生成盐或水的反应称为中和反应。（　　）

答：√

（5）溶液中 Na^+ 越高，溶液的导电率越低。（　　）

答：×

（6）法拉第电解定律是电化学中最普遍最严格的定量定律。它应用于电解质水溶液。（　　）

答：√

（7）电解质溶液的电导率随着温度的升高而减小。（　　）

答：×

（8）原电池是把化学变化释放出来的能量转变为电能的装置。（　　）

答：√

（9）Cu^{2+}/Cu 的标准电极电势较 Ni^{2+}/Ni 标准电极电势正。（　　）

答：√

2－4 简述题

（1）什么是阳极钝化？生产中怎样消除阳极钝化？

答：

阳极钝化是指阳极在溶解过程中表面形成一层致密的氧化膜，这层膜覆盖着金属表面，阻碍了电力线的穿透和阳极的溶解，使阳极的溶解变得缓慢甚至不溶，这种现象称为阳极钝化。

消除办法：保持溶液中足够的氯离子浓度，因为氯离子是一种很活泼的负离子，能穿透阳极表面的氧化膜，还可以降低溶液的黏度，减少溶液的电阻，改善溶液的导电性；适当提高溶液的温度；阳极板上的阳极泥要刮干净。

（2）电化学的内容由哪三部分组成？

答：

离子学——主要研究溶液或熔体中离子的行为，离子平衡，离子的动态性质（电导、迁移数扩散、黏度等）及其相互关系；界面电化学——内容包括双电层理论，电动现象，吸附，胶体和离子交换等；电化学——分为可逆电极和不可逆电极过程，前者属于热力学范畴，后者属于动力学观点研究电极过程速度和机理，电子传递反应，电化学催化和电极结晶过程等。

3 湿法冶金电解过程

3.1 阴极过程

在湿法冶金的电解工业中，通常用固体阴极进行电解，其主要过程是金属阳离子的还原反应：

$$Me^{z+} + ze \longrightarrow Me$$

但是，除了主要反应以外，还可能发生氢的析出、由于氧的离子化而形成氢氧化物、杂质离子的放电以及高价离子还原为低价离子等过程。

$$H_3O^+ + e \longrightarrow H_2 + H_2O \quad (\text{在酸性介质中}) \tag{3-1}$$

$$H_2O + e \longrightarrow H_2 + OH^- \quad (\text{在碱性介质中}) \tag{3-2}$$

$$O_2 + 2H_2O + 4e \longrightarrow 4OH$$

$$Me_i^{z+} + z_i e \longrightarrow Me_i$$

$$Me_h^{z+} + (z_h - z_l)\ e \longrightarrow Me_l^{h+1}$$

电化学过程可以分为三个类型：

第一类型：（1）在阴极析出的产物，呈气泡形态从电极表面移去并在电解液中呈气体分子形态溶解；（2）中性分子转变为离子状态。

第二类型：在阴极上析出形成晶体结构物质的过程。

第三类型：在阴极上不析出物质而只是离子价降低的过程。

3.1.1 氢在阴极上的析出

氢在阴极上的析出过程如下所示：

第一个过程：水化 $(H_3O)^+$ 的去水化：

$$[(H_3O) \cdot xH_2O]^+ \longrightarrow (H_3O)^+ + xH_2O$$

第二个过程：去水化后的 $(H_3O)^+$ 离子的放电，结果便有氢原子生成：

$$(H_3O)^+ \longrightarrow H_2O + H^+$$

$$H^+ + e \longrightarrow H_{(Me)}$$

第三个过程：吸附在阴极表面上的氢原子相互结合成氢分子：

$$H + H \longrightarrow H_{2(Me)}$$

第四个过程：氢分子的解吸及其进入溶液，由于溶液过饱和的原因，以致引起阴极表面上生成氢气泡而析出：

$$xH_{2(Me)} \longrightarrow Me + xH_{2(溶解)}$$

$$xH_{2(溶解)} \longrightarrow xH_{2(气体)}$$

如果上述过程之一的速度受到限制，那么便会发生氢在阴极上析出的超电位现象。加速这个过程需要消耗附加的能量，同时因为活化能在上述条件下等于电量和电位的乘积，故可用下列方程式表示：

$$W_{活化} = -2F\Delta\varepsilon H$$

式中 $-\Delta\varepsilon H$——氢离子的还原超电位，V；

$2F$——生成1mol氢分子而言的常数，等于2×96500C。

现在认为上述第二个过程需要活化能。

为了使阴极上只析出金属而不析出氢，就必须要求氢的电位在电解的条件下比金属的电位更负。如果电流密度不超过一定的界限，那么正电性金属的析出没有任何困难，但负电性金属的沉积则只有当电解液中的氢离子浓度很小或者氢离子的还原电位很大时才可能顺利地进行。氢的超电位与许多因素有关，其中主要有阴极材料、电流密度、电解液温度、溶液的成分等。

不同金属超电位与电流密度关系如图3－1所示。

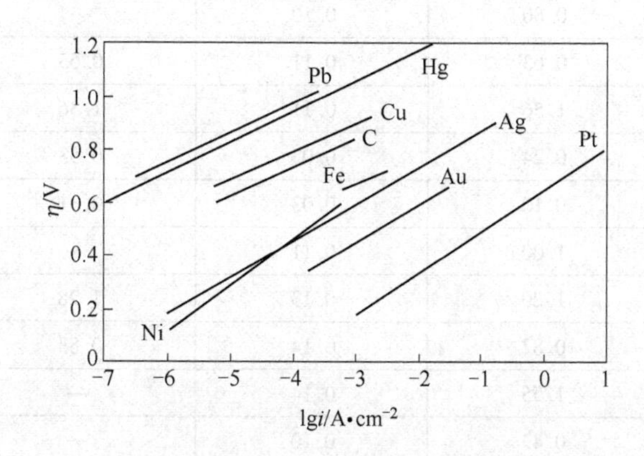

图3－1 不同金属超电位与电流密度关系

如上所述，氢在金属阴极析出时产生超电位的原因，在于氢离子放电阶段缓慢，并且这一点对大多数金属来说已经得到证实。

由塔菲尔方程：

$$-\Delta\varepsilon H = a + b\ln D_k$$

式中 D_k——阴极电流密度，A/m²。

$$a = -RT/aF\ln K_0^1 - RT/aF\ln a^{H^+}$$

$$b = RT/aF$$

由式 $W_{活化} = -2F\Delta\varepsilon H$ 可知，在 $-\Delta\varepsilon H$—$\ln Dk$ 坐标系中，超电位与电流密度成直线关系。对大多数金属电极来说，在电流密度不是很小的情况下，这种关系已经证实。表3－1中列出了在25℃时各种不同阴极的常数 a 和 b 的实验数据。

表3-1 不同金属在不同环境下的 a 和 b 值

金 属	酸性溶液		碱性溶液	
	a	b	a	b
Ag	0.95	0.10	0.73	0.12
Al	1.00	0.10	0.64	0.14
Au	0.40	0.12	—	—
Be	1.08	0.12	—	—
Bi	0.84	0.12	—	—
Cd	1.40	0.12	1.05	0.16
Co	0.62	0.14	0.60	0.14
Cu	0.87	0.12	0.96	0.12
Fe	0.70	0.12	0.76	0.11
Ge	0.97	0.12	—	—
Hg	1.41	0.114	1.54	0.11
Mn	0.80	0.10	0.90	0.12
Mo	0.66	0.08	0.67	0.14
Nb	0.80	0.10	—	—
Ni	0.63	0.11	0.65	0.10
Pb	1.56	0.11	1.36	0.25
Pd	0.24	0.03	0.53	0.13
Pt	0.10	0.03	0.31	0.10
Sb	1.00	0.11	—	—
Sn	1.20	0.13	1.28	0.23
Ti	0.82	0.14	0.83	0.14
Tl	1.55	0.14	—	—
W	0.43	0.10	—	—
Zn	1.24	0.12	1.20	0.12

a 值与金属的本性有很大关系，而系数 b 的值几乎保持不变。此外，还可以看出，氢离子在通常电流密度下，在锌、镉等比氢更负电性的金属上还原的超电位都相当大。

在锌电积时，所采用的铝阴极很快被一层锌所覆盖，实际上已变为锌阴极，从而保证了相当大的氢离子还原超电位。

按照 a 值的大小，可将常有的电极材料大致分为三类：

（1）高超电位金属，其 a 值在 1.0～1.5V，主要有 Pb、Cd、Hg、Tl、Zn、Ga、Bi、Sn 等；

（2）中超电位金属，其 a 值在 0.5～0.7V，主要有 Fe、Co、Ni、Cu、W、Au 等；

（3）低超电位金属，其 a 值在 0.1～0.3V，其中最主要的是 Pt 和 Pd 等铂族元素。

阴极的表面结构也对氢的超电位发生间接的影响：阴极表面越粗糙，其真实的表面越大，真实的电流密度越低，从而使氢的超电位越小；反之，超电位就越大。随着电解液温度的升高，氢的析出电位就降低，也就是氢离子放电更容易，这是由于可逆电位会向正的方向移动以及超电位降低的缘故。超电位的温度系数，随着电流密度的增大而减小。

表面活性物质的加入而引起的 ε' 的变化，应使氢的还原超电位发生变化，视被电极吸附的离子的电荷符号而定，双电层分散部分的电位值可以向正的或负的方向变化。因此，氢的还原超电位可由吸附作用而增大或减少。

溶液的 pH 值对氢离子的还原超电位影响，在其他条件相同情况下，酸性溶液中氢超电位附着 pH 值增大而增大。

在碱性溶液中，决定氢析出动力学的不是反应式（3-1）而是反应式（3-2）。很明显，在此情况下，不是氢离子在阴极上放电而是水分子还原，这里反应为在电极附近的活度与 ε' 无关。双电层层分散部分的电位跳跃 ε' 只对决定过程速度的双电层密集部分的电位跳跃（$\varepsilon_1' = \varepsilon - \varepsilon'$）的大小产生影响。

由此可见，在碱性溶液中，超电位随着 pH 值的增大而减小。这些规律已经通过实验验证证实了。从而，在其他条件相同的情况下，可得出以下结论：

（1）在酸性电解液中，为了减少氢的析出，也就是为了提高电流效率，应尽可能使 pH 值保持更高的数值。

（2）对碱性电解液来说，为了减少氢的析出，必须使 pH 值尽可能地低。

3.1.2 金属在阴极上的析出

在湿法电化学冶金中，主要的阴极过程是主要金属从含其离子的溶液中的阴极上析出的过程。

金属从溶液中的析出，在已建立的过程中大致由以下三个阶段组成：

（1）阳离子由溶液本体迁移到双电层中。

（2）放电过程，在双电层密集部分发生阳离子的脱水并吸附在电极表面以及电子与之结合而转变为原子。

（3）金属中性原子进入金属晶格中或者是生成新的晶核。

不同金属在阴极上析出的极化值，与其一系列的个别性质（交换电流大小、零电荷电位的位置、表面情况等）有关，也可受电解条件（电解液的成分和温度等）的影响。

诸如 Hg、Cu、Pb、Zn 等一类交换电流较大的金属的阳离子放电速度甚至在极化值很小的情况下都急剧增大，而为了提高交换电流的铁族金属（Fe、Co、Ni）的阳离子放电速度，则要求更大的极化值。

如果金属在溶液中呈诸如 $Cu(CN)_3^{2-}$、$Ag(CN)_2^-$、$Zn(CN)_4^{2-}$ 等络合离子形态存在，则为了提高电流密度，即为提高阴离子在阴极上还原的速度，甚至要求特别大的极化。

关于金属的简单离子和络合离子在阴极上还原的过程动力学，其中包括电化学动力学和扩散动力学。下面讨论关于金属结晶的问题，也就是关于阴极沉积物的生成机理及其结构的问题。

在有色冶金的水溶液电解过程中，要求得到致密平整的阴极沉积表面。粗糙的阴极表面对电解过程会产生不良的影响，因为这会降低氢的超电位和加速已沉积金属的逆溶解作用。此外，由于沉积表面不平而会产生许多凸出部分，容易造成电极之间短路。所有这些影响的结果都会引起电流效率的降低。

如果电解条件不适当，便会产出海绵状的疏松沉积物。海绵状沉积物的生成在重熔时容易氧化而增大金属的损失。此外，在生成海绵状沉积物的情况下，电流效率会降低、电能消耗增大以及造成短路。

因此，了解阴极沉积物形成的条件以及各种影响因素，对于产出合乎质量要求的产物来说具有重要意义。

在阴极沉积物形成过程中，有两个平行进行的过程：晶核的形成和晶体的成长。在结晶开始时，金属并不在阴极整个表面上沉积，而只是在对阳离子放电需要最小活化能的个别点沉积。被沉积金属的晶体首先在阴极主体金属晶体的棱角上生成。电流只通过这些点传送，这些点上的实际电流密度比整个表面的电流密度更大得多。

在靠近已生成晶体的阴极部分的电解液中，被沉积金属的离子浓度贫化，于是在阴极主体金属晶体的边缘上产生新的晶核。分散的晶核数量逐步增加，直到阴极的表面被沉积物所覆盖时为止。

实际上，在电解过程中，有一部分原子在进行晶核形成，而另一部分在进行晶体的成长。因此，如果 96500C 的电量在阴极上还原 N 个阳离子（N 等于阿伏伽德罗常数除以价态数），那么，设形成晶核的一部分 N 等于 N_n，而参与晶体成长的第二部分 N 等于 N_g，则得到：

$$N = N_n + N_g$$

如果 $N_n < N_g$，那么在阴极上将产生细结晶沉积物，如果 $N_n \ll N_g$，则得到粗结晶沉积物。

在金属从简单盐溶液中电结晶的情况下，如果是交换电流大的金属，则照例产出粗结晶的沉积物，属于这一类的金属有 Ag、Pb、Zn、Sn、Tl 等。晶核生成数与电流密度和放电阳离子浓度之间的关系式如下：

$$N_n = K \cdot D_k / C\mathrm{Me}$$

式中，K 为与每种金属特性有关的常数。

因此，交换电流大的金属在从简单盐溶液中析出时，随着电流密度的增大和阳离子浓度的降低，会产出结晶更细的沉积物。离子交换电流小以及极化值相当大的金属，照例是形成细结晶沉积物，属于这一类的金属有 Fe、Ni、Co。

与这一类金属一起，有些金属如 Ag、Cu、Zn，如果它们在溶液中呈络合离子状态存在，则由于还原电位相当大，故也可呈极细结晶沉积物形态析出。对这一类情况来说，晶核数与极化值关系似乎更具有特征：极化值越大，沉积物析出的结晶颗粒便越细。

总的来说，已生成的晶体的成长和沉积物的结构与许多因素有关，其中对电解过程有影响的主要因素有电流密度、电解液温度、溶液的流动性、氢离子的浓度以及添加剂的作用等。

（1）电流密度的影响。在电流密度小的情况下，靠近已经生成晶体的地方，由于扩散作用能及时补充放电引起的阴离子的减少，从而溶液中阳离子的贫化现象不显著，因此已经生成的晶体能无限的继续生长，结果得到有分散的粗粒结晶所组成的沉积物。

当电流密度高时，在晶体生成以后不久，靠近晶体部分的电解液就会发生局部的贫化现象，晶体的生长暂停而产生新的晶核，在此情况下得到细结晶的沉积物。

然而，当电流密度很高时，阴极附近的电解液发生急剧的贫化现象，从而可能引起其他阳离子特别是引起氢离子开始强烈放电，所得沉积物为松软和海绵状物质，含有大量的氢气。极限电流密度是允许获得合乎要求的沉积物时的电流密度。如果浓度愈高，放电阳离子的起始浓度愈高以及搅拌愈强烈时，也就是这些能导致靠近阴极的溶液浓度恢复的因素显得愈加强烈时，则允许的极限电流密度也可以愈高。但是，应考虑到这种从获得致密沉积物的观点来看所允许的更高的电流密度可能会造成其他缺点，因此，最适宜的电流密度应考虑过程中所有其他条件来选定。

（2）温度的影响。温度的提高会引起溶液的许多性质的改变：比电导提高、溶液中离子活度改变（通常为减少）、所有存在的离子的放电电位改变、金属析出和氢气放出的超电位都降低等。在某些情况下，提高温度会导致溶液中胶状组织（如镍的氢氧化物等）的生成或消失。因为其中温度改变，同样会影响阴极沉积物的特性，故温度的影响极为复杂，在不同情况下表现亦不同。

应当注意到作为一般规律的最重要的情况，即扩散速度随温度的升高而加快。扩散速度加快将使阴极附近溶液不易产生贫化层，此外，金属的超电位也降低，这两种情况都导致极化曲线有更陡峭上升的趋势。正如人们所知道的，这能促使获得粗结晶的沉积物。因此，当温度升高时，必须提高电流密度，以使温度的影响变为不显著，以获得细结晶的沉积物。

氢的超电位随温度的升高而降低，致使氢的析出变得容易。可是对于需要高的超电位析出的镍来说，超电位随温度的升高而降低的程度比氢的超电位强烈得多，在此情况下氢的析出会减弱。氢在金属中的溶解度随温度升高而降低。因此，在高温下，可能得到含氢低的沉积物。

同样可作为一般规律指出的是当温度升高时所得沉积物较为松软。

（3）搅拌的影响。搅拌溶液能使阴极附近的浓度均衡，因而使极化降低，计划曲线有更陡峭的趋势，所有这些情况都导致形成晶粒较粗的沉积物。在另一方面，搅拌电解液可以消除浓度的局部不均衡、局部过热等现象，可以提高电流密度而不会发生沉积物成块和不整齐的危险。电流密度的提高也可以消除由搅拌引起的粗晶性。

采用较高的电流密度在工业上是有利的，因为这样可以加速过程的进行和减缩设备的容量。在此情况下，就必须加强电解液的循环。

（4）氢离子的影响。氢离子的浓度或溶液的 pH 值是影响电结晶进行的及其重要的因素。pH 值首先决定了在阴极过程中氢渗入晶体的分数。当然，这个分数是按照 pH 值的减小而增加的。根据 pH 值的大小，析出的氢原子或大或小不同程度上渗入到晶体中，例如在生长的晶体组成中形成氢化物。这种情形也强烈地影响到整个电结晶过程和超电位上。此外，在通常有空气存在的电解过程中，或者由于水的氧化作用结果，也得到金属氢氧化物，这种氢氧化物在某一 pH 值时变为不溶性，并且或者是呈胶体分散的形态或者是呈悬浮的形态存在，具有被吸附在沉积晶体表面上的能力。沉积晶体的个别区域便可能直接被氧化。不管怎样的氧化物落到晶体表面上，都强烈地影响到整个结晶过程的进行。例如，当氢离子活度足够大和当覆盖层发生的可能性极小时，便可得到有光泽的、均匀的沉积物；当氢离子浓度降低时（pH 值增大），则形成海绵状沉积物，不能良好地黏附到阴极上，有时甚至从阴极上掉下来。

因此，调整 pH 值（缓冲作用），对于控制电结晶过程具有极其重要的意义。

（5）添加剂的影响。为了获得致密而平整的阴极沉积物，常常在电解液中加入少量作为添加剂的物质，如树胶、动物胶和硅酸胶以及 α－萘酚、苯磺酸、铵盐等表面活性物质。

在电解过程中，许多胶体添加剂可以看作是两性电解质。在 pH 值低的介质中，它们离解为阳离子［胶质根］$^{+}$与阴离子 OH^{-} 或 Cl^{-} 等；正电荷的胶质根向阴极转移，并在阴极上放电，对电结晶过程发生强烈的影响。在 pH 值高的介质中，则形成阴离子［胶质根］$^{-}$与阳离子 H^{+}、Na^{+}等，负电荷的胶质根便移向阳极，且影响甚微。

胶质微粒也可能使金属阳离子溶剂化，它们一起向阴极转移，在阳离子放电后，游离出来而被吸附在阴极上。

各种添加剂对于阴极沉积物质量的有利影响，在于胶质主要是被吸附在阴极表面的凸出部分，形成导电不良的保护膜，使这些凸出部分与阳极之间的电阻增大，因此消除了阳极至阴极凹入部分与阳极凸出部分之间的电阻差额。结果阴极表面上各点的电流分布均匀，所产出的阴极沉积物也就较为致密而平整。

3.1.3　阳离子在阴极上的共同放电

金属的还原常常由于有其他金属（杂质）或氢伴随还原而变得复杂化。这个现象具有重要的实际意义。金属的电解精炼问题、电解沉积问题以及其他许多问题（如电镀）都与几种不同的阳离子同时还原的问题有关系。在几种离子共同放电情况下，每种离子的还原速度相当于一定的电流密度 D_i，总的电流密度 D_k（即测出的电流强度除以阴极面积所得到的商）等于所有阴极上进行还原反应的电流密度之和，亦即：

$$D_k = \sum D_i$$

3.1.3.1　金属离子与氢离子的共同放电

首先讨论有关阴极电流效率的基础理论问题。如果以 η_{Me}^{*} 表示金属的阴极电流效率，显然可得到：

$$\eta_{Me}^{*} = \frac{D_{Me}}{D_k} \tag{3-3}$$

金属和氢的离子共同放电极化曲线如图 3－2 所示。

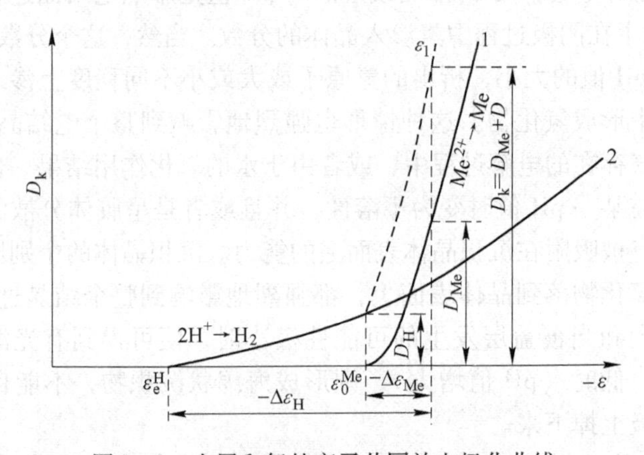

图 3－2　金属和氢的离子共同放电极化曲线

同理，氢的电流效率用下式表示：

$$\eta_{H}^{*}=\frac{D_{H}}{D_{k}} \tag{3-4}$$

如果只限于讨论主要金属与氢的离子共同放电的问题，则

$$\eta_{Me}^{*}+\eta_{H}^{*}=1 \tag{3-5}$$

以式（3-3）除式（3-4）并将式（3-5）中的 η_{H}^{*} 代入，则得到：

$$\eta_{Me}^{*}/(1-\eta_{Me}^{*})=D_{Me}/D_{H} \tag{3-6}$$

利用式（3-6）可将金属和氢的离子在阴极上放电的速度与金属的电流效率联系起来。

由图3-2可以看出，在所讨论的条件下，金属的平衡电位比氢的平衡电位更负。

氢离子还原的超电位很大（曲线2的斜率大），而金属离子还原的超电位则较小（曲线1）。这种关系可在锌从水溶液还原的场合下见到。

当电极电位比 ε_{e}^{H} 更正的时候，既没有氢也没有锌可能析出。如果电位取 ε_{e}^{H} 与 ε_{e}^{Me} 之间的值应只有氢析出，而金属仍不可能还原。在电位比 ε_{e}^{Me} 更负的情况下，则金属和氢两者都可以析出。在这些条件下，$D_{k}=D_{Me}+D_{H}$，因而表示总电流密度的极化曲线，可由加和曲线1和曲线2的纵坐标绘出（图中标出的虚线 ε_{1}）。在工作阴极电位 ε 的条件下，金属和氢将分别以电流密度 D_{Me}和 D_{H} 实测的速度进行还原。这样一来，方程（3-6）的关系也可根据图解法求得。

从图3-2可以看出，因为曲线1向上走比曲线2更陡，所以增大极化（电位 ε 向右移动）应导致析出金属的电流效率增高。如果通过实验将对给定成分的溶液而言的极化曲线测出，则类似于图上所示图形，可用于定量地确定 D_{Me}和 D_{H} 之间的关系如何随电位 ε 的改变而改变。从图上还可以看出，电流效率与溶液成分——Me^{2+} 和 H^{+} 的浓度（活度）有关。改变 $\alpha_{Me^{2+}}$和 $\alpha_{H^{+}}$ 可改变各自的平衡电位，从而改变各自极化曲线的位置。$\alpha_{H^{+}}$ 减小，亦即 pH 值增大，将使 ε_{e}^{H} 向更负的方向移动（在图上向右移动）。而增大 $\alpha_{Me^{2+}}$ 则使 ε_{e}^{Me} 移向更正的一方（在图3-2上向左移动）。

为了查明电流效率与各个电解参数（电位、温度、电解液成分等）的关系，必须知道这些因素是如何与金属和氢离子放电速度产生影响的。

有充分依据可以证明，氢在大多数金属上析出时的极化基本上是由于离子放电阶段缓慢所致。因此缓慢放电理论的基本方程对反应速度（电流密度）应该是正确的。

金属析出时的极化往往也是取决于离子的缓慢放电。

在其他条件相等的情况下，氢离子在酸性溶液中的活度增大会使金属的电流效率降低。

在生产实践中，经常是希望电流效率接近于1的条件下进行电解过程。但是要达到这个目的并不总是成功的，因为要靠降低酸度来提高电流效率，但实际上要受到一系列的因素的限制。在镍电解的情况下，特别是未加入缓冲剂时，要是酸度降低要低于一定的值，这将导致在阴极处形成胶体颗粒，而使沉积物夹杂着氢氧化物。提高电解液中金属离子的活度，将会使金属的电流效率提高。从定性上讲，这个原理在生产实践中是大家所熟知的，而定量上却尚未得到验证。

然而为了提高主要金属离子的活度而提高电解液中的浓度，也受到限制：第一，由电

解液泄漏而造成的不可挽回的损失增大；第二，未完成生产（电解液）的金属量增大。从经济的观点来看，在电解液中的金属含量愈少愈好。但这个趋势受到电流效率的降低以及阴极沉积物质量变坏的制约。因此，在实践中，通常要根据实验来确定主要金属在电解液中最佳的浓度，其中包括对每个具体情况综合考虑上述因素。

关于电极电位（电流密度）对金属电流效率所起的影响是比较复杂的。随着电流密度在阴极上的提高，阴极电位总是向着更负的一方移动；相反电流密度降低会使电位向正的一方移动。因此，一方面讨论阴极电位对电流效率的影响，另一方面也涉及了电流密度对电流效率的影响。

分析表明，电位向负的一方移动可导致阴极电流效率提高或降低，或者也可对电流效率不起影响。实际上，如果金属的极化曲线向上升起比氢的极化曲线更陡，随着阴极电位（电流密度）升高，金属电流效率将增大；相反，如果金属的极化曲线向上升起比氢的极化曲线更倾斜，这种情况对金属的还原来说是不利的。最后，如果金属的极化曲线与氢的极化曲线斜度相同，在这种特殊条件下，金属的电流效率与阴极电流密度和电位无关。

温度的影响是多种多样的，不仅与电位对金属和氢的离子放电过程活化能的影响程度有关，而且与这些过程在表面零电荷电位下的活化能大小也有关。

在工业电解析出金属的过程中，由于金属盐的浓度约为 1 ~ 2mol/L，而电流密度约为每平方米几百安培，故浓差极化通常不是太大，也可略去不计。但是浓差极化在接近中性的溶液中析出氢的情况下则可能相当大。

如果单位时间内由电流迁移的氢离子或氢氧化物的数量小于在阴极上析出的氢原子的数量，那么紧靠阴极的电解液层不可避免地会开始碱化。

相反，如果氢离子的供应速度大于放电速度，则阴极层中的电解液会酸化。阴极层中的 pH 值变化，必然会涉及力求使溶液本体和阴极层中离子活度均衡化的扩散过程。如果扩散速度不能使溶液本体和阴极层中的浓度均衡，则在以恒定电流密度长期电解时，要建立起与氢在阴极上析出深度等于氢离子向阴极输送速度相适应的稳定状态，既要考虑电迁移又要考虑对流扩散。随着电流密度升高，阴极层中和溶液本体中 pH 值之差应该增大。这个与溶液成分有关的差值，或者达到一定的极限，或者继续增大。在纯酸溶液中，碱化显然不可能达到大于 7 的 pH 值。在不形成难溶氢氧化物或碱式盐的碱和金属盐溶液中，碱化原则上限制在以碱使溶液饱和。在这里限制因素实际上可能是电解液由于在阴极上析出氢而发出剧烈搅拌的作用。

但是，如果溶液中存在的金属离子形成难溶的氢氧化物或碱式盐，则碱化受到一定限度的限制，这个限度等于在阴极层中金属离子给定浓度下形成难溶盐的 pH 值。

电解过程中，发生的阴极层酸化作用，在氢离子供应速度不等于其放电速度以前将一直增大。

最后，还应该指出，如果在阴极上析出能溶解原子氢的金属，则会发生金属吸收氢的作用。例如：在电解法生产铁时，发现铁中含有达 9.2%（原子）的氢。金属吸收氢的作用可造成晶体严重变形并使金属的机械性质急剧变坏。

3.1.3.2 主要金属（Me）与杂质金属（Me_i）离子的共同放电

两种金属在阴极上共同还原的相互关系，从定性上讲，与上面讨论过的有关金属和氢共同析出的情况基本相类似。有一点不同的是两种金属共同还原无疑会导致在阴极上形成合金。所产合金的结构决定于体系的状态图，当然与各种金属在合金中的含量有关。

如大家所知反应 $Me^{z+} + ze = Me_{纯}$ 的 $\varepsilon_e^{Me} = -\dfrac{\Delta G_1}{ZF}$。但在形成合金的情况下，离子开始还原的电位 ε_e（也称为金属在合金中的平衡电位）与 ε_e^{Me} 不一样。在这些情况下，反应式表示如下：

$$Me^{z+} + ze = Me_{纯} \qquad \Delta G_1$$
$$Me_{纯} = Me_{合} \qquad \Delta G_2$$
$$Me^{z+} + ze = Me_{合} \qquad \Delta G = \Delta G_1 + \Delta G_2$$

从而
$$\varepsilon_e = -\frac{\Delta G_1}{ZF} = -\frac{\Delta G_1 + \Delta G_2}{ZF}$$

由于形成合金时总是有能量放出，亦即 $\Delta G_2 < 0$，故 $\varepsilon_e > \varepsilon_e^{Me}$，当阴极电位比 ε_e 更负时，就可能发生金属伴随形成合金的还原过程。金属相互作用的亲和力愈大，它们共同放电就愈容易。

碱金属离子在汞阴极上的还原可作这一典型例子。如果按照析出纯金属的电位关系来判断，负电位很大的碱金属似乎不可能在汞阴极上析出。但事实上由于这些金属对于汞的亲和力很大，它们的还原电位显著地向正的一方移动，故可在汞阴极上呈合金形态析出。在采用固体金属作阴极的电解过程中，也有类似情况发生，锌在铁族金属电解中在阴极上析出就是一个实例。应该指出，上述原理无论对理论研究或生产实践都具有重要意义。

现利用极化曲线来讨论某些金属共同还原的问题。设溶液含 Me^{z+} 离子多而含 Me_i^{z+} 离子少。金属 Me_i 比 Me 更正电性（见图3-3），在阴极电位 ε，金属 Me_i 在极限电流条件下还原，而 Me（曲线1）由于离子浓度高，故离极限电流较远，在此情况下，提高极化应该使金属 Me 的电流效率增大，因为 Me_i 离子的还原速度不可能更大的升高。如果金属 Me 在电化学动力区还原，而 Me_i 在极限电流下还原，则增大溶液的流速可使金属 Me_i 的极限电流提高，但不能改变金属 Me 的还原速度。这样会导致金属 Me 的电流效率降低。

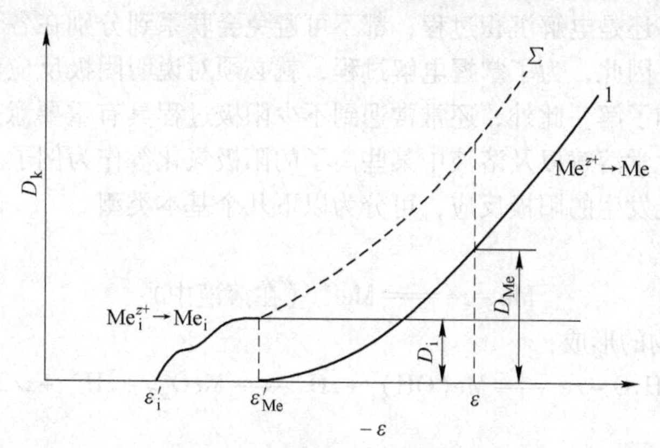

图3-3　极化曲线与电流密度

对两种以上的多种阳离子共同还原的更为复杂的情况，也可用类似的方法进行分析。

从冶金原理的观点来看，讨论关于杂质金属在阴极沉积中的含量问题具有重要的意义。

为了便于讨论问题，将共同放电的规律分为4个类型：

（1）杂质的析出决定于扩散阶段而主要金属的析出决定于放电阶段；

（2）杂质和主要金属析出均决定于扩散阶段；

（3）杂质和主要金属析出决定于放电阶段；

（4）杂质的析出决定于放电阶段而主要金属的析出决定于扩散阶段。

第一类：杂质的析出决定于扩散阶段，杂质在电解液中的浓度越高，它在阴极沉积物中的含量越大。所有提高对流扩散速度的因素，其中包括温度的提高和溶液循环速度的增大等因素，都会使主要金属含杂质更多。相反提高阴极电流密度和电流效率则可提高金属的纯度。

主要金属越负电性和它放电的极化值越大，则杂质的极限电流下放电的机会便越多。如：在镍电解时，诸如铜铅镉钴锌等电化学性质不相同的杂质，都是在极限电流下放电，只有当锰作为杂质在阴极上沉积时，其析出速度才决定于放电缓慢阶段，相反在锡电解时，只有铜是在极限电流下析出。

已经证实，几乎所有二价金属的对流扩散速度常数实际上可认为是相等的，各种在极限电流下放电的杂质夹入金属的程度在其他条件相同的情况下对所有杂质来说都是一样的。

第二类：放电规律与第一类放电规律相同。

第三类：随着溶液中杂质浓度的升高，阴极沉积物的杂质含量会增大，而随着主要金属在电解液中的浓度升高，在其他条件相等情况下，杂质析出量或多或少会迅速降低。

第四类：金属的纯度将随着杂质浓度的升高和主要金属浓度的减小而降低。不过阴极沉积物中杂质的含量是主要金属浓度的指数函数。

3.2 阳极过程

无论是电解精炼还是电解沉积过程，都不可避免会联系到分别在各个电极上进行的阳极反应和阴极反应。因此，为了掌握电解过程，就必须对说明阴极反应和阳极反应特征的各种规律进行研究和了解。此外，还常常遇到不少阳极过程具有重要意义的场合，并可举出硫化物阳极的电化学溶解以及溶液中某些离子的阳极氧化等作为例子。

在水溶液中可能发生的阳极反应，可分为以下几个基本类型。

（1）金属的溶解：

$$Me - ze = Me^{z+} \quad (\text{在溶液中})$$

（2）金属氧化物的形成：

$$Me + zH_2O - ze = Me(OH)_z + zH^+ = MeO_{z/2} + zH^+ + z/2H_2O$$

（3）氧的析出：

$$2H_2O - 4e = O_2 + 4H^+$$

或

$$4OH^- - 4e = O_2 + 2H_2O$$

（4）离子价升高：

$$Me^{z+} - ne \longrightarrow Me^{(z+n)+}$$

（5）阴离子的氧化：

$$2Cl - 2e \longrightarrow Cl_2$$

下面对常遇到的几个问题的基本原理进行分析和讨论。

3.2.1 金属的阳极溶解

如前所述，可溶性阳极反应为：

$$Me - ze \longrightarrow Me^{z+}$$

即金属阳极发生氧化，成为金属离子进入溶液中，其溶解电位为：

$$\varepsilon_A = \varepsilon^0_{Me^{z+}/Me} + \frac{RT}{zF}\ln\frac{\alpha_{Me^{z+}}}{\alpha_{Me}} + \eta_A \qquad (3-7)$$

式中 ε_A——溶解超电位，V；

η_A——金属溶解超电位，V。

其他符号含义同前。

用恒电位法测得的阳极极化曲线如图 3-4 所示。

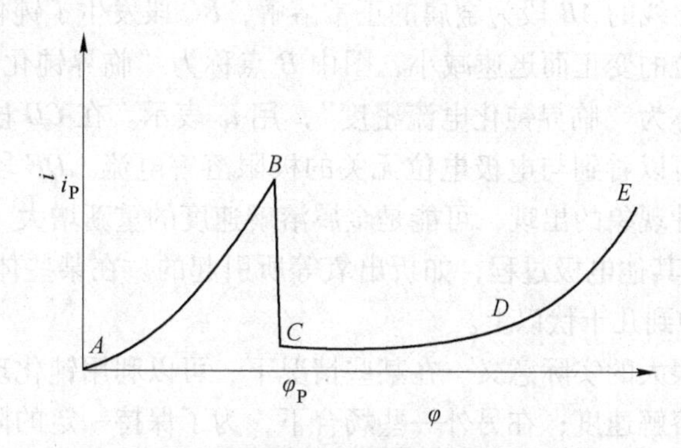

图 3-4 用恒电位法测得的阳极极化曲线

由式（3-7）可以看出，金属溶解电位的大小除与金属本性（$\varepsilon^0_{Me^{z+}/Me}$）有关外，还与溶液中该金属离子的活度（$\alpha_{Me^{z+}}$）、金属在可溶阳极上的活度（$\alpha_{Me}$）以及该金属的氧化超电位（$\eta_A$）等因素有关。

很显然，金属的 $\varepsilon^0_{Me^{z+}/Me}$ 愈高，该金属溶液中的 $\alpha_{Me^{z+}}$ 愈高，在阳极中 α_{Me} 愈低，超电位 η_A 愈大的金属，其溶解电位就愈高，就愈不容易溶解。反之，就易溶解。提高阳极的极化电位，可以提高金属的溶解速度。

3.2.2 阳极钝化

3.2.2.1 钝化现象

在阳极钝化时，阳极极化，阳极电极电位偏离平衡电位，则发生阳极金属的氧化溶解。随着电流密度的提高，极化程度的增大，则偏离越大，金属的溶解速度也越大。

当电流密度增大至某一值后，极化达到一定程度时，金属的溶解速度不但不增高，反而剧烈地降低。这时，金属表面由“活化”溶解状态，转变为“钝化”状态。这种由“活化态”转变为“钝化态”的现象，称为阳极钝化现象。图 3-5 为阳极钝化曲线示意图。由于金属表面状态的变化而使金属的溶解速度急剧下降的现象称为金属的钝化。

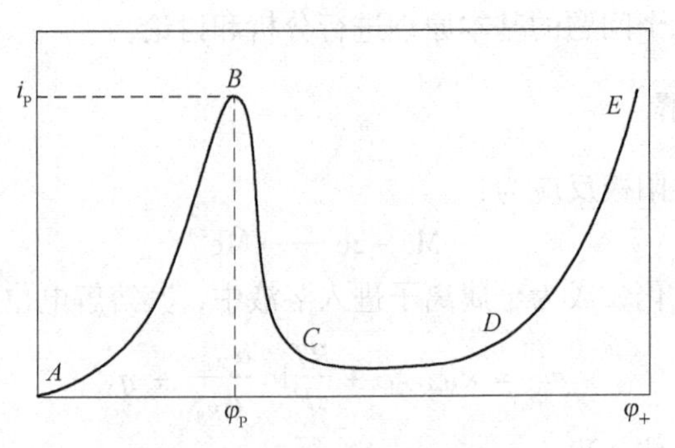

图 3－5　阳极钝化曲线示意图

钝化现象可以从极化曲线上清楚地看到。一般用“恒电位”法测金属阳极的极化曲线。测定方法是连续地改变阳极极化电位，并在每一电位下停留较长时间，使之达到比较稳定的极化电流值。曲线的 *AB* 段为金属的正常溶解，*BC* 段发生了钝化过程；这时金属的溶解速度随着电极电位的变正而迅速减小，图中 *B* 点称为“临界钝化电位”，用 φ_P 表示，相应的临界电流密度称为“临界钝化电流密度”，用 i_P 表示。在 *CD* 段，电极处于比较稳定的钝态，这时往往可以看到与电极电位无关的极限溶解电流。*DE* 段电流再度随电极电位的变正而增大，这种现象的出现，可能是金属溶解速度的重新增大（主要是生成电极的高价产物），也可能是其他电极过程，如析出氧等所引起的。在某些体系中不存在 *DE* 段，而 *CD* 段的宽度可延伸到几十伏以上。

研究钝化现象有很大的实际意义。在某些情况下，可以利用钝化现象来减低金属的自然溶解或阳极金属的溶解速度；在另外一些场合下，为了保持一定的阳极反应速度又必须避免钝化现象的出现。例如在锌电积时用铝板作阴极，铅或铅银合金板作阳极，这时正希望阳极出现钝化。然而在镍电解精炼时，由于粗镍出现钝化，使得电位升高，而不利于生产。

3.2.2.2　钝态金属的活化

凡是能使钝化金属保护层破坏的因素都能使金属重新活化。例如加热、通入还原性气体、阴极极化、加入某些活性离子、改变溶液 pH 值等。

金属的钝化现象对生产是有利还是有害，这要根据具体情况来分析。如果目的是要求金属溶解，例如对可溶阳极电解，当然钝化是不利的。但是如果希望金属不溶解，不受溶液或大气等介质的腐蚀，那么钝化作用就是有利的了。如铝从平衡电位来看是活泼金属，很容易被氧化而溶解，但由于铝很容易钝化，实际上在空气和一般介质中是比较稳定的。含有一定比例镍、铬等合金元素的不锈钢，在具有强氧化性的酸（如硝酸）中极易钝化，故可以制造经常与强氧化性介质接触的化工设备。

3.2.2.3　钝化理论

关于产生钝化的原因，目前有两种并存的理论：成相膜理论与吸附理论。成相膜理论认为：金属阳极钝化的原因是阳极表面上生成了一层致密的覆盖良好的固体物质，它以一个独立相把金属和溶液分隔开来。吸附理论认为，金属钝化并不需要形成新相固体产物膜，而是由于金属表面或部分表面上吸附某些粒子形成了吸附层，致使金属与溶液之间的界面发生变化，阳极反应活化能增高，导致金属表面的反应能力降低。

吸附的粒子有人认为是 OH^-，也有认为是 O^{2-}，更多的人认为是氧原子。

成相膜理论与吸附理论都能解释一部分钝化现象，但不能解释全部。很可能在某些情况下，金属钝化是由成相膜层引起的，而在另一些情况下，则是由吸附层引起的，也很可能这两种作用同时存在。

为了防止钝化的发生或把钝化了的金属重新活化，常采取一些措施，例如加热、通入还原性气氛、进行阴极极化、改变溶液的 pH 值或加入某些活性阴离子。在这些方法中，值得注意的是加入卤素阴离子，其中氯离子更为突出，因为它既有效又经济。卤素阴离子对金属钝化作用的影响被认为具有双重作用，即当金属处于活化状态时，它们与吸附的粒子在电极表面上进行竞争吸附，延缓或阻止钝化过程的发生；当金属表面上存在成相的钝化膜时，它们又可以在金属氧化物与溶液之间的界面上吸附，并由于扩散及电场的作用进入氧化物膜内，从而显著地改变膜的导电性，使金属的氧化速度增大。因此，某些金属（如镍）的电解精炼，其电解液成分常为氯化物或者是氯化物与硫酸盐的混合体系。铜的电解精炼，由于加入少量的 HCl，也能防止阳极钝化。但是，对于不溶性阳极的电解沉积来说，例如锌的电解沉积，这些活性阴离子的存在将是有害的。

3.2.3 合金阳极的溶解

电解生产中所使用的阳极，并非是单一金属，常常含有一些比主体金属较正电性或较负电性的元素，构成合金阳极。合金阳极是多元的，在这里只讨论二元体系。二元合金大致可分为三类：

（1）两种金属晶体形成机械混合物的合金；

（2）形成连续固溶体的合金；

（3）形成金属互化物的合金。

在电解精炼的实践中，一般是处理第一类和第二类的合金体系。

在第一类合金中，可以举出形成共晶混合物的 Sn－Bi 二元体系作为例子。图 3－6 所示为 Sn－Bi 合金的电位随其组分变化的关系曲线。从图中可以看出，含铋达95%（原子）的合金保持着锡的电位。在此情况下，锡的晶体看来未完全被铋屏蔽，从而保持了较负电性相（这里是指锡）的电位。铋含量进一步提高使得合金的电位向正的一方发生急剧变化。

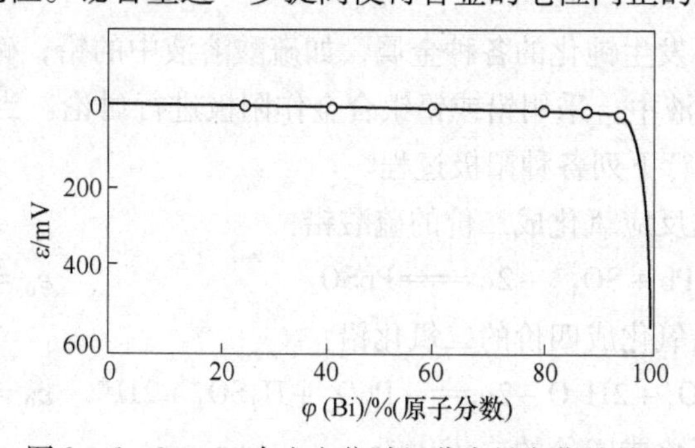

图 3－6 Sn－Bi 合金电位随组分含量变化的关系

Sn－Bi 合金的阳极行为与它们在合金中的含量比值有关，这类合金的阳极溶解，可归结为以下两个基本类型：

（1）如果合金含较正电性相较少，则在阳极上进行较负电性金属的溶解过程。同时，较正电性金属则形成所谓的阳极泥。如果这种阳极泥从阳极掉下或者是多孔物质，则溶解可无阻地进行。

（2）如果经受溶解的阳极是含较负电性相很少的合金，那么表面层中的较负电性金属便会迅速溶解，表面变得充满着较正电性金属的晶体，阳极电位升高到开始两种金属溶解的数值，这时两种金属按合金成分成比例地进入溶液中。

关于连续固溶体合金（例如 Cu－Au 二元体系），其特性是每个合金成分具有它自己所固有的电位，这个电位介于形成合金的两种纯金属电位之间。较负电性金属的含量较高时，固溶体的电位与这种金属在纯态时的电位差别甚小；随着较正电性组分含量的增大，固溶体就显示出更正的电位。

在上述情况下，含较正电性金属占优势的合金（例如含少量铜的 Cu－Au 合金）的阳极溶解过程很简单。相当于贵金属的电位值的电位立即在阳极上建立起来。两种金属由于阳极氧化的结果便将自己的离子转入溶液中。在有配位体（例如氯离子）存在的情况下，金的络合离子便在阴极上放电析出金，而铜离子则在电解液中积累。

如果固溶体合金中含较负电性金属占优势，则其溶解机理较复杂。例如含金银的铜与含铂族金属的镍进行电解精炼时，溶解过程中形成的所有过剩量的较正电性离子受阳极合金的接触所取代呈金属析出成为阳极泥。生产实践中，这些贵金属和铂族金属在粗金属中含量的98%以上进入阳极泥，要另外进行回收处理。

又如 Ni－Cu 合金，其溶解机理认为是较负电性的金属镍首先进行溶解。随着电解过程的进行，阳极表面含铜增多，电位就由镍的电位向铜的电位变化，在达到铜的电位时便开始铜的溶解，最后，镍和铜进行共同溶解。

3.2.4 不溶性阳极及其在其上进行的过程

作为不溶性阳极，通常采用以下一些材料：

（1）具有电子导电能力和不被氧化的石墨（碳）。

（2）电位在电解条件下，位于水的稳定状态图中氧线以上的各种金属，其中首先是铂。

（3）在电解条件下发生钝化的各种金属，如硫酸溶液中的铅；碱性溶液中的镍和铁。

下面仅就在硫酸溶液中，采用铅或铅银合金作阳极进行讨论。当铅在硫酸溶液中发生阳极极化时，便可能进行下列各种阳极过程。

（1）金属铅按下列反应氧化成二价的硫酸铅：

$$Pb + SO_4^{2-} - 2e \longequal PbSO_4 \qquad \varepsilon_0 = -0.356V$$

（2）二价的硫酸铅氧化成四价的二氧化铅：

$$PbSO_4 + 2H_2O - 2e \longequal PbO_2 + H_2SO_4 + 2H^+ \qquad \varepsilon_0 = +1.685V$$

（3）金属铅直接氧化成四价的二氧化铅：

$$Pb + 2H_2O - 4e = PbO_2 + 4H^+ \qquad \varepsilon_0 = +0.655V$$

（4）氧的析出：

$$4OH^- - 4e = O_2 + 2H_2O \qquad \varepsilon_0 = +0.401V$$

（5）SO_4^{2-} 放电，并形成过硫酸：

$$2SO_4^{2-} - 2e = S_2O_8^{2-} \qquad \varepsilon_0 = +2.01V$$

铅在硫酸溶液中阳极极化的行为，曾经过实验研究，如图3－7所示。当阳极电流密度为$0.2A/m^2$时，全部电流均用于铅溶解成二价离子，当D_A增大到$0.2A/m^2$以上时，阳极电位ε_A急剧增大，同时硫酸铅转变为二氧化铅。当电流密度继续增大时，才有氧析出。

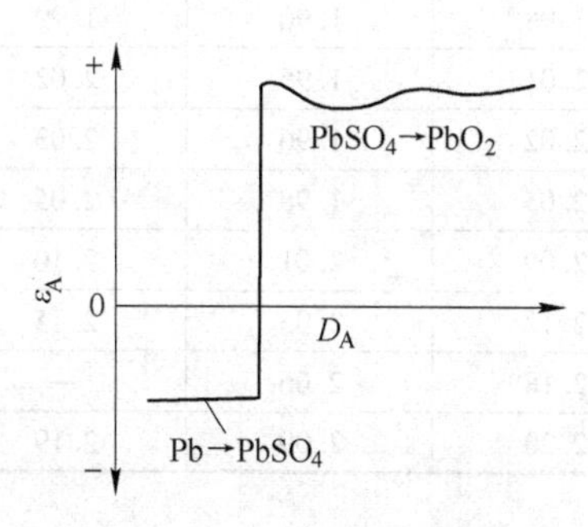

图3－7 不溶阳极铅的变化

因此，铅阳极在电流作用下的行为可表述如下：当电流通过时，铅便溶解。由于硫酸铅的溶解度很小，故在阳极附近迅速出现电解液为硫酸铅过饱和的现象，于是硫酸铅便开始在阳极表面结晶。这样一来，与电解液相接触的金属铅表面减小，使得铅离子转入电解液增多，并且也使得更多的硫酸铅在阳极上结晶，直到比电导很小的硫酸铅膜几乎覆盖整个阳极表面时为止，结果铅阳极上的实际电流密度增大，从而阳极电位便急剧地增大。

根据标准电极电位（还原电位）判断，除了铅氧化成二价铅离子外，阳极上先是进行氢氧离子的放电，但因氧的放电析出超电位很大，故实际上先是二价铅离子的再氧化和铅本身直接氧化成4价状态，伴随生成4价铅的盐，此盐发生水解而生成二氧化铅。二氧化铅开始是在硫酸铅组成的阳极膜的孔隙中生成。然后硫酸铅逐步为二氧化铅膜所替代，最后，二氧化铅成为进行阳极基本过程即氧的析出过程的工作表面。

需要指出的是，二氧化铅膜的形成，电积时铅阳极被破坏的过程并不会终止。这是由于二氧化铅的多孔性，经过这些孔隙，电解液仍可以直接通向铅的表面，在铅阳极表面上，进行着所有上述各种氧化和离子放电过程。

在孔隙中发生和消失的二氧化铅及铅的其他化合物具有很不相同的比容，致使二氧化铅膜变得松散，甚至可以脱离阳极，这在生产实践中称为阳极泥脱落。

生产实践表明，铅阳极的稳定性较差，从而要求寻找更为稳定的阳极材料，其中包括铅基合金。研究结果认为，含0.019mol分数银的铅银合金比较稳定。

下面讨论氧在铅或铅银合金阳极上的析出问题。

在阳极上，氧的析出要在比氧电极平衡电位正得多的电位下才能发生，这是因为氧在阳极析出的超电位很大所致。研究氧的超电位现象最大的障碍是氧的电极平衡电位的不可重现性，这样就阻碍了氧超电位的测定。所以，在很多情况下是利用实测的阳极电位。

表3-2所列为利用已预先在每升含1mol H_2SO_4 溶液中进行阳极极化并已覆盖着二氧化铅膜的铅和铅银合金阳极进行实验测定出的阳极电位数据。

铅与铅银合金阳极的电位（伏）与电流密度和温度的关系见表3-2。

表3-2　铅与铅银合金阳极的电位（伏）与电流密度和温度的关系

电流密度 /A·m^{-2}	温度/K					
	298	322	348	298	322	348
	铅			银为0.019mol分数的铅银合金		
50	1.99	1.90	1.83	1.91	1.86	1.82
100	2.02	1.95	1.86	1.94	1.89	1.85
200	2.04	1.98	1.90	1.99	1.92	1.88
400	2.07	2.01	1.95	2.02	1.96	1.90
600	2.09	2.02	1.96	2.03	1.97	1.92
1000	2.12	2.05	1.98	2.05	2.00	1.94
2000	2.15	2.09	2.01	2.10	2.05	1.96
3000	2.18	2.12	2.03	2.15	2.09	1.96
4000	2.23	2.18	2.06	—	—	—
5000	2.27	2.20	2.09	2.19	2.17	1.99

从表3-2可以看出，铅和铅银合金在硫酸溶液中的阳极电位是相当高的，这就证明氧在覆盖着二氧化铅的阳极上的超电位很大。铅银阳极的电位稍低于铅阳极的电位（视条件而定，差额在0.01~0.1V之间），这是由于氧在铅银阳极上的超电位较低的缘故。

氧在阳极上的析出，通常认为是由于氢氧离子按下列反应放电：

$$4OH^- - 4e = 2H_2O + O_2$$

这一反应在每升含2.10mol的硫酸溶液中发生，当硫酸浓度增大到每升为4.96~8.76mol时，阳极上便开始 SO_4^{2-} 的放电，并可能有 $S_2O_8^{2-}$ 生成，如下列反应式所示：

$$2SO_4^{2-} - 2e \longrightarrow S_2O_8^{2-}$$

有关氧在各种阳极材料上析出的超电位列于表3-3中，以供参考和使用。

表3-3　298K时氧在不同电极材料上的超电位与电流密度的关系

电流密度 /A·m^{-2}	超电位/V							
	石墨	Au	Cu	Ag	光滑Pt	铂黑Pt	光滑Ni	海绵Ni
10	0.525	0.673	0.442	0.58	0.721	0.398	0.353	0.414
50	0.705	0.927	0.546	0.674	0.80	0.480	0.461	0.511
100	0.896	0.963	0.580	0.729	0.85	0.521	0.519	0.563
200	0.963	0.996	0.605	0.813	0.92	0.561	—	—
500	—	1.064	0.637	0.912	1.16	0.605	0.670	0.653
1000	1.091	1.224	0.660	0.984	1.28	0.638	0.726	0.687
2000	1.142	—	0.687	1.038	1.34	—	0.775	0.714
5000	1.186	1.527	0.735	1.080	1.43	0.705	0.821	0.740
10000	1.240	1.63	0.793	1.131	1.49	0.766	0.853	0.762
15000	1.282	1.68	0.836	1.14	1.38	0.786	0.871	0.759

3.2.5 硫化物的阳极行为

研究硫化物的电化学行为，在硫化物阳极进行电解时具有重要意义；就是在金属阳极进行电化溶解时也应加以考虑，因为其中经常含有某种数量的硫。

在硫化物阳极上（如果不考虑自动溶解反应）。可以发生以下各种电化学反应：

（1）$MeS - 2e = Me^{2+} + S$。这个反应同时发生金属的离子化和离子进入溶液以及析出元素硫。所形成的元素硫一部分呈阳极泥形态从阳极上掉下，一部分呈壳状物留在阳极上。

（2）$MeS + 4H_2O - 8e = Me^{2+} + SO_4^{2-} + 8H^+$。当这个反应在溶液中进行时，溶液的酸度会增高并有 SO_4^{2-} 积累，这个反应在有 1mol 金属溶解时会消耗 4 倍的能量（δ 个电子）。如果反应以显著的速度进行，则体系的状况在很大程度上受到破坏，电解液成分和酸度均发生变化。

（3）在硫化物阳极上也会发生氧和氯的析出过程，这两个反应浪费了能量，对生产毫无意义，而且还会使电解液成分发生变化。

在实际条件下，问题还要复杂得多，这是因为进行溶解的电极通常是一系列金属硫化物的固溶体，或者由某些金属硫化物组成的多相体系。不同硫化物的溶解顺序由各自电极电位决定。

硫化物通常是电子导体，这一点与金属相似。但是由于金属与硫的化学作用，硫化物电极上发生的过程，其性质起了重大变化。几乎不可能设想在金属硫化物和金属离子溶液的界面上会建立平衡电位，因为在此情况下金属转变为离子状态与硫氧化成原子状态的过程在某种程度上是共轭进行的。

金属硫化物在金属离子溶液中的电位虽然不是可逆的，但仍可通过实验测出，并可称为安定电位，亦即无电流通过不随时间改变的电位。通常也可测出硫化物的阳极极化曲线。

根据硫化物电极的阳极极化曲线，就有可能判断各处硫化物的溶解顺序。从铜、铁、镍的硫化物的阳极计划曲线可以看出，在多相硫化物进行溶解时，铜和铁的硫化物比镍的硫化物更早的溶解。如果电极是多相的，那么就会有周期性溶解的现象发生。当电极表面存在在较负电性电位下溶解的相，则在给定电流密度下只有这些相溶解。在它们消失之后，电位仍升高并且较正电性的相开始溶解。当由于较正电性相的溶解，再在电极表面上出现较负电性的晶体时，则这些晶体又开始溶解，并且电位下降，如此周而复始。如果从阳极溶解的是由两种硫化物组成的固溶体，则会出现类似金属固溶体阳极溶解时发生的规律性。

3.2.6 电解过程

现以硫酸水溶液用两个铜电极进行的电解（见图 3－8）为例来讨论电解过程的行程。很明显，如果在未接上电源以前没有任何因素使平衡破坏，那么两个铜电极的平衡电位 ε_e 应该相同。在每个电极表面上建立起与平衡相适应的电位跳跃以及一定的交换电流，这种交换电流表示铜离子进入溶液的速度等于其逆向还原的速度。

当把电极接上电源以后，电极电位便发生变化，并且在电路中有电流通过。电源的负极向其所连的阴极输入电子，使电极电位向负的方向移动。正极则从其所连的阳极抽走电子，使电极电位向正的方向移动。

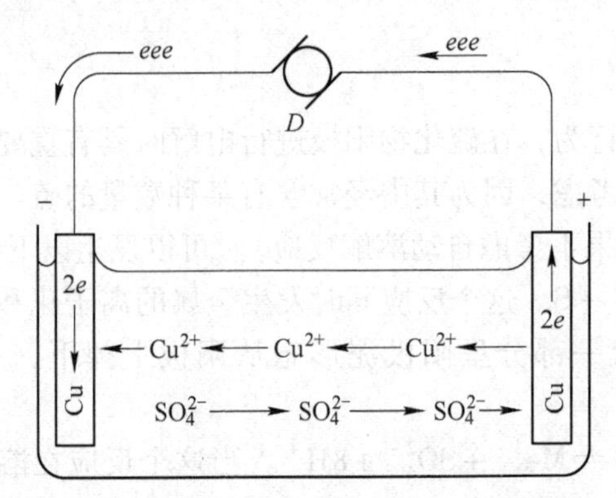

图 3-8 $CuSO_4$ 水溶液用两个铜电极的电解示意图

电极电位对平衡值的偏高引起电极过程的进行：在阴极上发生铜阳离子的还原；在阳极上发生铜的氧化，也就是其阳离子转入溶液中。最小的电位位移就足以使这两个过程以一定的速度（决定于电极过程热力学方程）开始进行。与此同时，在由外电压产生的两电极之间的电场中，发生离子的运动。离子的运动也靠扩散发生。因此，在电解的情况下，电路分为两个部分，联结电源和电极（电子沿着其上移动）的金属导体（外电路）以及有离子在里面运动的溶液导体（内电路）。在这两个电路接触的界面上，也就是在电极的表面上进行着化学反应，在阴极上进行结合电子的还原反应，在阳极上发生释放电子的氧化反应。

溶液中的电流是由阳离子和阴离子迁移的，可是在每个电极上只有一种离子参与反应，因此，在电极附近，盐的浓度发生变化。例如，对所讨论的例子来说，在阴极附近，盐的浓度减小（Cu^{2+}的放电以及 SO_4^{2-} 的离开）；在阳极附近，由于有 Cu^{2+} 进入溶液以及 SO_4^{2-} 向阳极迁移，故盐的浓度增大。

上述硫酸铜溶液的电解，可用图 3-9 所示的极化曲线来说明。图中 AK 线为铜的极化曲线，ε_e 为给定浓度下铜在溶液中的平衡电位。当电解池电路接通以前，没有电流通过，并且两个电极的电位相同并都等于 ε_e。在电路接通以后，设阴极电位取 ε_K 值，而阳极电位取 ε_a 值。这时，在电极上开始有反应进行，其速度决定于阴极电流强度 I_K 和阳极电流强度 I_A。

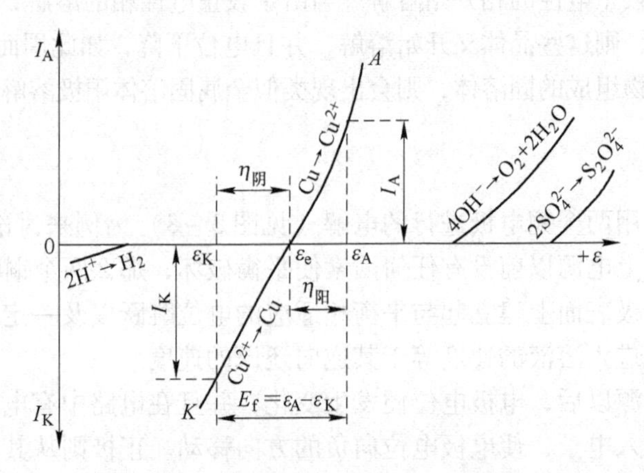

图 3-9 说明 $CuSO_4$ 水溶液用两个铜电极电解的极化曲线示意图

显然，电流强度 I_K 和 I_A 应该相等，因为电极是串联的。因此，在所有情况下，阴极电流都应该等于阳极电流，并且等于由连在电解池电路中的电流计测出的电流强度。

在已建立的电解过程中，两个电极的电位虽然是不平衡的电位，但并不随时间而改变。电位由平衡值向阴极电位和向阳极电位方面的位移，在一般情况下是彼此不相等的；电位的位移与阴极极化曲线和阳极极化曲线的斜率有关。电位的位移总是保持着阳极电流强度和阴极电流强度相等。

因为考虑到阴极表面和阳极表面的大小一般可以不同，所以在本书是讨论电位与电流强度的关系而不是讨论电位与电流密度的关系。但是，因为动力学方程是表示电位与电流密度之间的关系，所以在表面小的电极上，电流密度将更大，从而此电极将发生更大的极化。

在图中铜极化曲线的左边，表示了氢的极化曲线。此曲线位于左边，因为在溶液的给定 pH 值下氢电极的平衡电位比铜的 ε_e 更负。右边则绘出了 SO_4^{2-} 和 OH^- 的阳极极化曲线。其平衡电位比铜的 ε_e 更正。

从图 3-9 可以看出，在两电极之间的某种电位差下（这种电位差决定 $\eta_{阴}$ 和 $\eta_{阳}$ 的值并等于 $E_f=\varepsilon_A-\varepsilon_K$）、唯一可能的阴极反应是铜的还原。而阳极反应则是铜的氧化。其他的电极反应（H^+ 的还原以及 OH^- 或 SO_4^{2-} 的氧化）只有在更高的电极极化下才可能发生。如果已经知道溶液中所存在的各种离子的平衡电位及其相应的极化曲线，那么就有可能预见在给定的 $\eta_{阴}$ 和 $\eta_{阳}$ 值下电解产物将是什么。

由外电源给予电极的电压 E_f' 应比电位差（$\varepsilon_A-\varepsilon_K$）大过一个 E_Ω 值，这个 E_Ω 值为溶液中的欧姆电位降，它与溶液本体及电极附近溶液层的比电阻、电解池的形状以及与电极间的距离等有关。因此 $E_f'=(\varepsilon_A-\varepsilon_K)+E_\Omega=E_f+E_\Omega$。

在所讨论的例子中，阳极上发生金属的氧化，也就是金属的离子转入到溶液中。然而，如果由于这种或那种原因致使阳极电位得到足够高的正值，那么金属离子的转入溶液就可能非常缓慢甚或完全停止。在此情况下，便开始 OH^- 的氧化，并且阳极转入钝化状态。当阳极发生钝化时，电流强度便降低，阴极电流强度也随之减小。

应该指出，阳极的钝化，对金属精炼的可溶性阳极电解过程常常造成困难。但是，在金属硫酸盐溶液以铅作不溶性阳极的电解过程中，由于阳极钝化而在铅表面上形成的二氧化铅薄膜，则有利于过程的进行。

3.3 槽电压、电流效率和电能效率

3.3.1 槽电压

对一个电解槽来说，为使电解反应能够进行所必须外加的电压称为槽电压。

阳极实际电位（ε_a）与阴极实际电位（ε_K）之差，即电解槽两极端点电位差或所谓电解电动势 E_f，是槽电压的一个组成部分。E_f 由两部分组成，即 $E_f=E_{ef}+E_\eta=[\varepsilon_{e(A)}-\varepsilon_{e(K)}]+(\eta_{阳}+\eta_{阴})$。$E_{ef}$ 是为了电解的进行而必须施加的最小外电压，也可称为相应原电池的电动势。$E_\eta=\eta_{阳}+\eta_{阴}$ 这部分外加电动势，称为极化电动势。

除此以外，还有由电解液的内阻所引起的欧姆电压降 E_Ω 以及由电解槽各接触点、导电体和阳极泥等外阻所引起的电压降 E_R，也都需要附加的外电压补偿。因此，槽电压是

所有这些项目的总和，并可以下式表示：

$$E_{\mathrm{T}} = E_{\mathrm{f}} + E_{\Omega} + E_{\mathrm{R}}$$

上式右边第一项 E_{f}，所包括的 E_{ef}由能斯特公式求出；E_{η} 中的 $\eta_{阳} + \eta_{阴}$ 的理论分析和计算常利用塔费尔公式或通过交换电流数据进行计算，也可从有关书刊中引用已知数据。E_{Ω} 无论是在电解沉积式还是在电解精炼中都是槽电压的组成部分，它与电解液的比电阻、电流密度或电流强度、阳极到阴极的距离（即极距）、两极之间的电解波层的纵截面积以及电解液的温度等因素皆有关系，现分别讨论如下。

在电解实践中，每个电解槽内的电极是按一块阳极一块阴极相间地排列着，最后一块也是阳极，故阳极板比阴极板多一块。但是，靠电解槽两边的两块阳极各自只有一个表面起电极反应。从而，进行电极过程的阳极表面和阴极表面的数目是相等的。电解槽与电解槽是串联的，但每个槽内的相同电极则是并联的，从而构成了一个所谓的复联电解体系。在这样的电解体系中，每个电解槽内全部电解液所呈现的电阻与一个极间电解液层所呈现的电阻彼此有以下的关系：

$$\frac{1}{R} = \frac{1}{r_1} + \frac{1}{r_2} + \cdots = \frac{n_{\mathrm{d}}}{r}$$

式中 R——一个电解槽内全部电解液所呈现的电阻，Ω；

r_1，r_2——第一个，第二个电极间的电解液层所呈现的电阻，并且 $r_1 = r_2 = r$，Ω；

n_{d}——一个电解槽内的极间数目，等于起反应的电极表面的数目，亦即 $n_{\mathrm{d}} = 2n_{阴} = 2(n_{阳} - 1)$，其中 $n_{阴}$ 和 $n_{阳}$ 分别为每个电解槽内的阴极板和阳极板的块数。

每个极间电解液层所呈现的电阻与极距成正比而与其纵截面积（实际上可以电极表面积替代）成反比，亦即 $r \propto \frac{1}{A}$。由此，得到以下的关系：

$$r = \rho_{\mathrm{r}} \times \frac{1}{A}$$

式中 ρ_{r}——比例系数，也称为比电阻，Ω · cm；

1——两极之间的距离，简称极距，cm；

A——起反应的电极的表面积，cm^2。

将式代入上式，便可得到：

$$R = \frac{r}{n_{\mathrm{d}}} = \frac{1}{n_{\mathrm{d}}} \times \rho_{\mathrm{r}} \times \frac{1}{A}$$

温度对 R 的影响是：随着温度的升高，电解液的电阻降低。它们的关系可用下式表示：

$$R_{\mathrm{t}} = R_0\left[1 - \frac{\mathrm{d}R}{\mathrm{d}t}(t - t_0)\right]$$

式中 $\frac{\mathrm{d}R}{\mathrm{d}t}$——电解液电阻的温度系数。

至此，得出用于计算一个电解槽内电解液欧姆电压降的关系式如下：

$$E_{\Omega} = IR = I \times \frac{1}{n_{\mathrm{d}}} \times \rho_{\mathrm{r}} \times \frac{1}{A}$$

式中 I——通入电解槽的电流强度，A。

若不用电流强度而用电流密度，而且往往是指阴极电流密度，则在此情况下：

$$D_K = \frac{I}{2n_{阳}\ n_{阴}} = \frac{I}{n_d A_{阴}}$$

其中 D_K 的单位通常是以 A/m^2 表示。这样一来，上式可改写成以下的形式：

$$E_\Omega = \frac{D_K}{10000} \times \rho_r \times L$$

式中 D_K——阴极电流密度，A/m^2；

ρ_r——比电阻，Ω · cm；

L——极距，cm。

比电阻 ρ_r 可以通过实测，也可以通过计算求出。

至于槽电压的组成部分接触电压降，通常不是用公式进行计算，而是取以下各个数值：阳极上的电压降可取 0.02V，接点上的电压降可取 0.03V，阴极棒中的电压降可取 0.02V，而槽帮导电板的电压降是 0.03V，阳极泥中的电压降可取等于电解液欧姆电压降的 25% ~35%。

3.3.2 电流效率

对一切电解反应来说，法拉第定律皆是正确的。但实际上，析出 1mol 物质所需要通过电解液的电量往往大于 96500C。这一事实，并没有违背法拉第定律，它正说明阴极上不仅有主体金属析出，而且还有杂质和氢析出。阴极沉积物发生氧化溶解以及电路上有短路与漏电等现象发生，致使通入的电量未能全部用于析出主体金属。于是，提出了关于有效利用电量，亦即电流效率的问题。

所谓电流效率，一般是指阴极电流效率，即金属在阴极上沉积的实际量与在相同条件下按法拉第定律计算得出的理论量之比值（以百分数表示）。

在工业生产条件下，水溶液电解质电解的电流效率通常只有 90% ~95%，有时甚至还要低，只有在实验室条件下（库仑计）才有可能达到 100%。

还有阳极电流效率，它与阴极电流效率并不相同。这种差别对可溶性阳极电解有一定的意义。所谓阳极电流效率，是指金属从阳极上溶解的实际量与相同条件下按法拉第定律计算应该从阳极上溶解的理论量之比值（以百分数表示）。

一般说来，在可溶性阳极的电解过程中，阳极电流效率稍高于阴极电流效率。在此情况下，电解液中被精炼金属的浓度逐渐增加，如铜的电解精炼就有此种现象发生。

如前所述，电流效率通常是指阴极电流效率。因为阴极沉积物是主要的生产成品。电流效率按下式进行计算：

$$\eta_i(\%) = \frac{b}{qIt} \times 100$$

式中 $\eta_i(\%)$ ——以百分数表示的电流效率；

b——阴极沉积物的实际量，g；

I——电流强度，A；

t——通电时间，h；

q——电化当量，g/(A · h)。

表3-4为某些金属的电化当量。

表3-4 某些金属的电化当量

元素	原子价	相对原子质量	电化当量	
			1C析出的物量/mg	1A·h析出的物量/g
Al	3	26.89	0.0932	0.3356
Bi	3	208.98	0.7219	2.5995
Fe	2	55.85	0.2894	1.0420
	3		0.1929	0.6947
Au	1	197.00	2.0415	7.3507
	3		0.6805	2.4502
Cd	2	112.41	0.5824	2.0972
Co	2	58.94	0.3054	1.0996
Mg	2	24.32	0.1260	0.4537
Mn	2	54.94	0.2847	1.0250
Cu	1	63.54	0.6584	2.3709
	2		0.3292	1.1854
Ni	2	58.71	0.3042	1.0953
Sn	2	118.70	0.6150	2.2416
	4		0.3075	1.1013
Pb	2	207.21	1.07360	3.8659
Ag	1	107.88	1.1179	4.0254
Cr	3	52.01	0.1797	0.6469
	6		0.0898	0.3234
Zn	2	65.38	0.3388	1.2198

如前分析，为了提高电流效率，应尽可能地控制或减少副反应的发生，防止短路、断路和漏电。为此，要加强诸如电解液成分的控制，使电解液中有害杂质尽可能少，选择适当的电流密度，电解过程中适量加入某些添加剂以保持良好的阴极表面状态，确定合理电解液温度，加强设备绝缘等等，这些都是提高电效的途径。

3.3.3 电能效率

所谓电能效率，是指在电解过程中为生产单位产量的金属理论上所必须的电能 W' 与实际消耗的电能 W 之比值（以百分数表示），即为：

$$\omega(\%) = \frac{W'}{W} \times 100$$

因为，电能=电量×电压，所以得：

$$W' = I't \times E_{ef}$$

$$W = It \times E_T$$

将上述各关系式代入式，便得到：

$$\omega(\%) = \frac{I'E_{ef}}{IE_T} \times 100$$

式中，$\frac{I'}{I} = \eta_i$ 即电流效率。

因此，上式可改写成以下形式：

$$\omega'(\%) = \eta_i \times \frac{E_{ef}}{E_T} \times 100$$

必须指出，电流效率与电能效率是有差别的，不要混为一谈。如前所述，电流效率是指电量的利用情况，在工作情况良好的工厂，很容易达到90% ~95%，在电解精炼中有时可达95%以上。而电能效率所考虑的则是电能的利用情况，由于实际电解过程的不可逆性以及不可避免地在电解槽内会发生电压降，所以在任何情况下，电能效率都不可能达到100%。

从上式中可以看出，若要提高电能效率，除了靠提高电流效率以外，还可以通过降低槽电压的途径。为此，降低电解液的比电阻、适当提高电解液的温度、缩短极间距离、减小接触电阻以及减少电极的极化以降低槽电压，是降低电能消耗，提高电能效率的一些常用方法。

还应当指出，通常说的"电能效率"并不能完全正确地说明实际电解过程的特征，因为电能效率计算式的分子部分并未考虑到成为电能消耗不可避免的极化现象。因此，在确切计算电能效率时，应当以消耗于所有电化学过程的电能 W''替代 W'。这样便得到：

$$\omega''(\%) = \frac{W''}{W} \times 100 = \eta_i \times \frac{E_f}{E_T} \times 100$$

复 习 题

3-1　填空题

(1) 阴极的表面结构对氢的超电位发生间接的影响：阴极表面越粗糙，其真实的表面越大，真实的电流密度越低，从而使氢的超电位越小；反之，超电位就越大。随着电解液温度的升高，氢的析出电位就降低，也就是氢离子放电更容易，这是由于可逆电位会向正的方向移动以及超电位降低的缘故。超电位的温度系数，随着电流密度的增大而减小。

(2) 在酸性电解液中，为了减少氢的析出，也就是为了提高电流效率，应尽可能使 pH 值保持更高的数值。

(3) 对碱性电解液来说，为了减少氢的析出，必须使 pH 值尽可能地低。

(4) 温度的提高会引起溶液的许多性质的改变：比电导提高、溶液中离子活度改变（通常为减少）、所有存在的离子的放电电位改变、金属析出和氢气放出的超电位都降低等。

（5）搅拌溶液能使阴极附近的浓度均衡，因而使极化降低。

（6）二元合金大致可分为3类，分别是两种金属晶体形成机械混合物的合金、形成连续固溶体的合金、形成金属互化物的合金。

（7）对一个电解槽来说，为使电解反应能够进行所必须外加的电压称为槽电压。

（8）在阳极板成分相同的条件下，镍电解生产槽和造液槽中阳极的主反应为（ ）。

答：$Ni_3S_2 - 6e = 3Ni^{2+} + 2S$

（9）提高电解液温度可降低（ ）、（ ）、（ ），有利于阴极板面氢气的逸出。

答：电解液黏度；消除极化；降低电耗

3-2 选择题

（1）镍离子浓度太低，将促使阴极氢气析出，使得阴极区局部 pH 值（ ）。

A. 过低　　B. 过高　　C. 不变

答：B

（2）电极电位较（ ）的阳离子，首先在阴极上还原析出。

A. 大　　B. 正　　C. 小　　D. 弱

答：B

3-3 判断题

（1）提高溶液温度，有利于降低溶液黏度。（ ）

答：√

（2）在镍电解生产中，只要控制 pH 值在技术条件范围内，就完全可杜绝氢的析出。（ ）

答：×

（3）同极中心距是指任意两个阴极或阳极之间的距离。（ ）

答：√

3-4 简述题

（1）电化学过程的三个类型分别为什么？

答：

第一类型：1）在阴极析出的产物，呈气泡形态从电极表面移去并在电解液中呈气体分子形态溶解；2）中性分子转变为离子状态；

第二类型：在阴极上析出形成晶体结构物质的过程；

第三类型：在阴极上不析出物质而只是离子价降低的过程。

（2）金属从溶液中的析出三个阶段是什么？

答：

1）阳离子由溶液本体迁移到双电层中；

2）放电过程，在双电层密集部分发生阳离子的脱水并吸附在电极表面以及电子与之结合而转变为原子；

3）金属中性原子进入金属晶格中或者是生成新的晶核。

(3) 共同放电的规律分为哪4个类型？

答：

1) 杂质的析出决定于扩散阶段而主要金属的析出决定于放电阶段；

2) 杂质和主要金属析出均决定于扩散阶段；

3) 杂质和主要金属析出决定于放电阶段；

4) 杂质的析出决定于放电阶段而主要金属的析出决定于扩散阶段。

(4) 什么是阳极钝化现象？

答：

当电流密度增大至某一值后，极化达到一定程度时，金属的溶解速度不但不增高，反而剧烈地降低。这时，金属表面由“活化”溶解状态，转变为“钝化”状态。这种由“活化态”转变为“钝化态”的现象，称为阳极钝化现象。

(5) 什么是电流效率？

答：

一般是指阴极电流效率，即金属在阴极上沉积的实际量与在相同条件下按法拉第定律计算得出的理论量之比值（以百分数表示）。

(6) 什么是电能效率？

答：

所谓电能效率，是指在电解过程中为生产单位产量的金属理论上所必须的电能 W' 与实际消耗的电能 W 之比值（以百分数表示）。

4 镍电解精炼

4.1 镍电解精炼工艺

4.1.1 镍电解精炼概述

有色金属的电化学冶金工艺可分为可溶阳极电解与不溶阳极电解。粗镍或合金阳极电解属可溶阳极电解。就主要金属镍而言，其电解池净反应为零，电解的目的是除去粗镍中的少量杂质，因此又称为“电解精炼”。硫化镍阳极电解虽然也属于可溶阳极电解，但电解池反应不为零，因此应称为电解提取。从纯镍盐水溶液中电解沉积阴极镍，采用不溶阳极，电解池净反应显然也不为零，因此也属电解提取。

早在20世纪初，粗镍阳极电解精炼就在工业上广泛应用，该工艺具有阳极杂质质量分数含量低（杂质约为6%~8%、含硫约2%、主金属大于75%）、电耗低、阳极液的净化流程简单等优点。但由于粗镍阳极的制备需要进行高镍锍的焙烧与还原熔炼过程，造成整个工艺流程复杂，建设投资大。目前，加拿大的科尔博恩港镍精炼厂以及苏联的芒切哥尔斯克、诺里尔斯克和奥尔斯克等镍厂曾采用粗镍电解精炼工艺。

镍的硫化物阳极电解相对于粗镍阳极电解来讲是一大改革，取消了高镍锍的焙烧与还原熔炼过程，从而简化了流程，减少了建厂投资和生产消耗。但硫化镍阳极质量分数含硫较高（一般含硫20%~25%、含镍65%~75%），电耗大，残板返回量大，阳极板易破裂。同时由于阳极板成分复杂，含杂质较高，为获得高品质的电镍，必须采用隔膜电解。

我国现有的镍精炼厂中生产规模最大、工艺技术较成熟的是金川公司镍精炼厂，该厂采用的硫化镍阳极电解工艺已有40多年的历史，几经技术改造和革新，已使工艺日趋完善，在一期镍电解多年生产实践的基础上，由于生产的需要设计了镍电解二期工程，并于1995年建成投产。二期镍电解对一期镍电解的设备、工艺都有不同程度的改进，许多新的科技成果被应用于生产中。

以金川公司为代表的硫化镍阳极电解精炼工艺自20世纪60年代建成投产以来，经过40年的生产实践，已取得了很大发展。镍的直收率由55%上升到75%，回收率由95%上升到99.5%，镍电解精炼经济技术指标处于同类工艺的先进水平。

硫化镍阳极隔膜电解工艺是我国目前最主要的电解镍生产工艺，用该方法生产的电解镍约占镍总产量的90%以上，生产厂家有金川公司、成都电冶厂、重庆冶炼厂等。

硫化镍阳极的溶解机理与粗镍阳极不同，其阳极过程是金属离子进入溶液，硫化物中的硫氧化成元素硫，硫化镍阳极溶解的电流效率比粗镍阳极溶解的电流效率低，仅86%~95%；其余5%~14%消耗于其他金属杂质电耗溶解以及氢氧离子放电，造成阳极液酸度增加。

硫化镍阳极溶解时的阳极电位为1.2V，标准电位高于阳极电位的金、铂等都不会溶解而进入阳极泥；低于阳极电位的铁、钴、铜等则进入溶液。

镍电解精炼的阴极过程，即力求镍离子在阴极上还原，尽量防止氢离子和杂质离子在阴极上同时放电。为了减少氢离子在阴极上放电的机会，采用的镍电解液几乎为中性。为避免硫酸镍水解，电解液中必须加入缓冲剂（如硼酸）。

随着硫化镍阳极的不断溶解，电解液中杂质含量会逐渐增加。因此，在工业生产中必须将电解液进行彻底净化，除去铜、钴、铁等杂质，并采用隔膜电解槽进行电解。

隔膜电解槽是利用涤棉制作的隔膜袋将电解槽分成阳极室和阴极室两部分，隔膜袋内液面比隔膜袋外液面高出30～50mm，使阴极电解液通过隔膜的滤过速度大于在电流的影响下铜、铁等离子从阳极移向阴极的移动速度。

为了补充镍电解液中亏损的镍量，还需有相当数量的电解造液槽。

造液工艺有酸性造液和碱性造液两种方法，我国工厂都采用酸性造液工艺。酸性造液槽的阳极为普通硫化镍阳极，阴极为薄铜片，电解液为硫酸或盐酸的水溶液，造液时，阳极上发生金属溶解，从而使电解液中镍离子浓度富集，得到浓硫酸镍或氯化镍溶液。酸性造液时，硫化镍阳极中所含的铜溶解进入溶液，会在阴极上析出海绵铜。在造液过程中，阴极上的主要反应是氢离子放电，阴极上放出大量氢气，带出溶液中的酸，形成酸雾，恶化车间的操作条件，生产中常用皂角水形成泡沫层覆盖电解槽液面，减少酸雾的形成。

镍电解精炼过程示意图如图4－1所示。

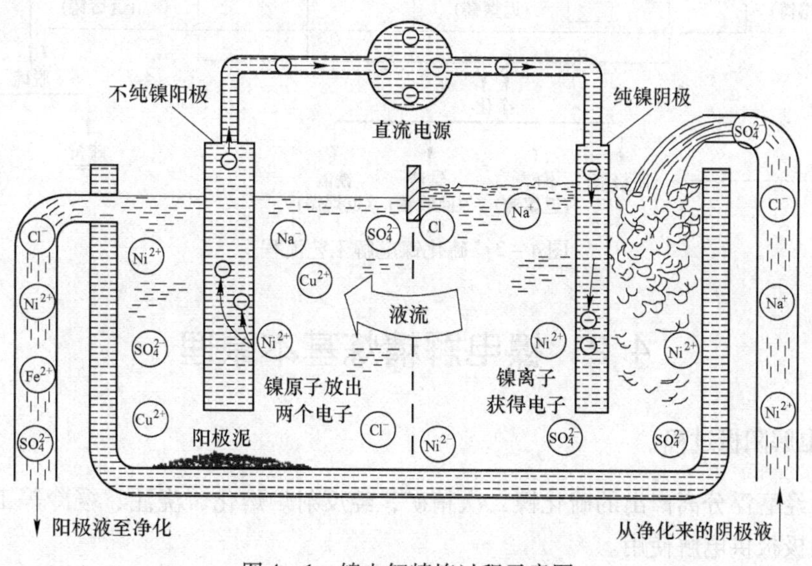

图4－1 镍电解精炼过程示意图

汤普逊厂曾常用碱性电解造液工艺。碱性电解造液槽的阳极为普通硫化镍阳极，用镍板或钢板作阴极，电解液为含食盐40～50g/L的水溶液。造液时，阴极上析出氢气，使溶液中氢氧离子浓度增加，pH值提高。阳极上硫化物的硫氧化成元素硫，镍进入溶液与氢氧离子结合生成氢氧化亚镍沉淀物。碱性造液电解槽结构与镍电解槽类似。为使生成的氢氧化亚镍在槽内呈悬浮状态，电解槽槽底做成V形，V形底上装有两个喷嘴，不断喷入食盐溶液进行搅拌。含固体3.5%的氢氧化亚镍矿浆通过电解槽溢流管排出，经澄清、过滤出氢氧化亚镍后，滤液返回碱性造液电解槽。碱性造液电解槽的产物为氢氧化亚镍，用于阳极液净化除铁时作中和剂，同时起补充电解液镍量的作用。

除了上述工业生产中采用得较多的电解造液工艺外，国内外工厂还有用酸性阳极电解液在常压或加压条件下浸出磨细后的残极或高镍铜渣补充镍量的方法。

镍电解精炼特点：

（1）隔膜电解。

（2）电解液必须深度净化。

（3）电解液酸度低。

（4）造液补充镍离子。

4.1.2　镍电解精炼工艺流程

大致可分为种板制作、电解、造液、电解液净化几个方面。硫化镍电解工艺流程如图4－2所示。

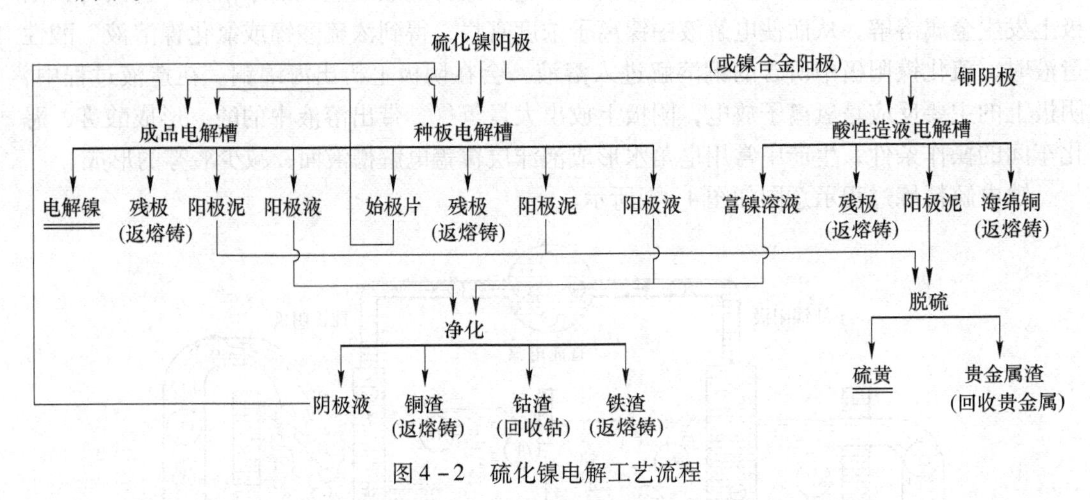

图4－2　硫化镍电解工艺流程

4.2　镍电解精炼基本原理

4.2.1　镍电解阳极过程

高冰镍经磨浮分离产出的硫化镍二次精矿，经反射炉熔化、浇注、缓冷等工序制成一定尺寸的阳极板供电解使用。

硫化镍阳极主要由 Ni_3S_2 组成，此外还含有少量以镍为基础的金属合金相，如 Cu_2S、FeS、CoS 及贵金属。

电解时，阳极主反应是：

$$Ni_3S_2 - 2e = Ni^{2+} + 2NiS$$

$$2NiS - 4e = 2Ni^{2+} + 2S$$

其总反应为：

$$Ni_3S_2 - 6e = 3Ni^{2+} + 2S$$

同时，其他杂质也发出溶解进入溶液：

$$Cu_2S - 4e = 2Cu^{2+} + S$$

$$Co - 2e = Co^{2+}$$

$$FeS - 2e = Fe^{2+} + S$$

$$Ni - 2e = Ni^{2+}$$

$$CoS - 2e = Co^{2+} + S$$

金、铂等贵金属由于标准电位高，所以不会溶解，而是进入阳极泥。

需要强调一点，在阳极过程中，若阳极含硫量不足，金属不是全部以硫化物形式存在，而是部分以金属单质形式存在，那么在阳极过程中，金属就会优先析出，在阳极表面留下一层硫化物薄膜，使得有效表面减少，实际电流密度增大，将一部分氧化形成的单质硫进一步氧化成硫酸。其反应为：

$$Ni_3S_2 + 8H_2O - 18e = 3Ni + 2SO_4^{2-} + 16H^+$$

同时还会发生以下反应：

$$4OH^- - 4e = O_2 + 2H_2O$$

这两个造酸反应消耗阳极电流 5% ~7%，并且使阳极液的酸度增高。

此外，为了得到良好的溶解性，阳极板中各种元素成分都必须控制在一定范围内。因为：阳极板中铜以 Cu_2S 形态存在，当铜高于 10% 时，Cu_2S 将会优先于 Ni_3S_2 溶解，对硫化镍阳极溶解和阴极镍的质量都有不利影响。阳极板含铁升高时，阳极极化明显加重，槽电压迅速上升，阳极造酸反应相应增强，严重时会引起阳极钝化。阳极中还含有一定量的钴及微量的铅、锌等。它们含量一般很少，对阳极影响不大，主要是对溶液净化及阴极沉积物的影响。

4.2.2 镍电解阴极过程

镍电解精炼的目的是在阴极上沉淀出较纯的电镍，而不析出或尽可能少析出氢。

电解时阴极上主要进行的是还原反应：

$$Ni^{2+} + 2e = Ni$$

镍电解是在微酸性溶液中进行的，溶液中标准电极电位比镍正的氢离子有可能在阴极上放电析出氢气：

$$2H^+ + 2e = H_2\uparrow$$

在生产条件下，氢的析出电位一般占电流消耗的 0.5% ~1.0%。

4.2.2.1 H^+的放电的危害

H^+的放电，消耗了大量电能，且引起阴极表面附近的电解液中碱度升高，出现氢氧化镍胶体，这些胶体颗粒易被阴极吸附，阻碍电镍在阴极板上的结晶长大，使得电镍的力学性能变坏。为了阻止 H^+的放电，通常采用提高 pH 值的方法，但是 pH 值也不能提高太大，否则也会有氢氧化镍胶体出现。因此实际操作，电解液的碱度有一个控制范围，通常 pH 值控制在 2.0 ~5.0 之间。pH 值太小，H^+易放电，pH 值太大，易出现氢氧化镍胶体。

在生产上，为了克服阴极液碱化的影响，通常采用以下几种措施：

(1) 加快电解液的循环速度。

（2）加入少量硼酸（H_3BO_4），使之与 $Ni(OH)_2$ 形成不带电的 $2H_3BO_4 \cdot Ni(OH)_2$ 胶体粒子。

（3）加入 $NiCl_2$，增加电解液中 Cl^- 浓度，促使 Ni^{2+} 析出更容易。

（4）提高温度，降低 Ni^{2+} 在阴极析出时的极化效应。

4.2.2.2 杂质离子的析出

镍电解时，除了需要抑制 H^+ 的析出外，还要防止电解液中铜、铁、钴、锌等有害杂质离子的析出。其中：

标准电极电位较 Ni^{2+} 正的 Cu^{2+}、Pb^{2+} 等离子优先于镍离子还原析出。

标准电极电位较 Ni^{2+} 负的 Co^{2+}、Fe^{2+}、Zn^{2+} 等的离子将不会先于 Ni^{2+} 析出，但由于镍超电压较大，且有些元素能与镍形成固溶体合金，从而使该元素在阴极镍中的活度变得很小，可造成杂质与镍共同析出。杂质析出反应如下：

$$Fe^{2+} + 2e = Fe$$

$$Cu^{2+} + 2e = Cu$$

$$Co^{2+} + 2e = Co$$

$$Zn^{2+} + 2e = Zn$$

$$Pb^{2+} + 2e = Pb$$

因此，电解液中这些杂质离子的浓度必须控制在一定范围内，即电解液必须进行净化。

4.2.3 镍电解造液过程

在镍的可溶性阳极电解过程中，由于阳极杂质的影响，使得阳极电流效率（86%左右）低于阴极电流效率（97%左右），再加之电解液在净化过程中因净化渣夹带而造成的损失，使得电解液中的 Ni^{2+} 浓度不断下降。为了防止电解液中镍的贫化，确保生产正常进行，就必须保持金属离子的平衡。硫化镍电解每生产 1t 电解镍约需补充 0.2t 镍量，其值取决于从净化渣中回收的镍量。电解造液是补充电解液中镍离子的有效方法之一。

电解造液的阴极过程不同于电解生产的阴极过程，在成品电解槽生产中创造条件控制氢析出，以保证阴极上镍的优先析出，而在造液过程中则恰恰相反，则是创造条件使氢优先在阴极上析出，镍在阳极上正常溶解，结果使镍的阴极电流效率远远低于阳极电流效率，从而使电解液中的 Ni^{2+} 得以富集。

造液过程是在不带隔膜的电解槽中进行。常用紫铜片做阴极，造液过程不仅起补充镍离子的作用，同时还有脱铜的作用。因为铜离子的析出电位比镍离子正，所以电解液中的铜离子会在阴极上与氢一起析出，在阴极上形成海绵铜。

造液过程的主要反应为：

阴极反应　　$2H^+ + 2e = H_2\uparrow$　　$Cu^{2+} + 2e = Cu$

阳极反应　　$Ni_3S_2 - 6e = 3Ni^{2+} + 2S$　　$Cu_2S - 4e = 2Cu^{2+} + S$

造液过程的阳极过程与正常电解的阳极过程完全相同，其阳极材料包括硫化镍阳极、合金阳极或来自生产槽的较完整的残极。为了提高贵金属的回收率，阳极板一般被套在尼龙袋内，防止从阳极脱落的阳极泥与在阴极上析出的海绵铜混杂在一起。

在造液过程中，将一部分阳极液引出，以 HCl 与 H_2SO_4 的混合酸将其酸度调至 50～55g/L，作为造液电解液。在实际生产中，各种含 Ni^{2+}、H^+ 的溶液，如铜渣浸出液、铁矾渣过滤液、阳极泥洗后液以及外来液也都引入造液过程，同时，洗陶管的废酸也打入配酸槽。由于电解液酸度高，加之阴极析出大量氢气，因此车间酸雾较大，为了改善劳动条件，减少酸雾，生产上常用皂角水形成的泡沫来覆盖电解液表面。

由于造液阴极上析出氢气，使电解液中的酸度降低。基于这个道理，在日本志村镍冶炼厂，采用中和电解槽造液法来补充电解液中的镍离子，即在若干电解槽内除吊挂硫化镍阳极外，另外还悬挂表面积小的金属镍棒（管）作为阴极从而减小阴极面积，增大阴极电流密度。当阳极电流密度为 120～160A/m² 时，阳极即可顺利地溶解，而阴极电流密度增加到 1500～3000A/m²，在这样高的电流密度下镍是不会析出的，而只有氢在阴极析出，于是电解液中的 Ni^{2+} 浓度提高了，H^+ 浓度下降，电解液的 pH 值很容易由 1.8 提高到 5.0，这不仅降低了净化过程中的纯碱消耗，还避免了 Na^+ 过多引入电解液而造成的危害。

在生产实践中，常把酸性造液电解槽分为高酸造液（出槽溶液含酸 18～22g/L）和低酸造液（出槽溶液含酸 4～7g/L）两种。酸性造液电解槽数量，一般为生产电解槽与种板电解槽总数的 25%。酸性造液槽技术条件见表 4－1。

表 4－1　酸性造液槽技术条件

项　目	单　位	Ⅰ工厂	Ⅱ工厂	Ⅲ工厂
电流强度	kA	8～10	4.1	5
起始溶液含酸	g/L	50～55	140～180	50～60
最终溶液含酸	g/L	4～7	30～40	15～20
最终溶液含镍	g/L	>80	>100	70
电解液温度	℃	常温	60～65	60～65
同极中心距	mm	210	190	180

4.3 镍电积精炼工艺

4.3.1 镍电积精炼概述

镍电积精炼即采用不溶阳极，在直流电作用下使硫酸镍或氯化镍溶液中的镍离子在电解槽阴极上呈金属镍沉积的镍电解方法。此法于 1960 年在芬兰奥托昆普公司实现工业化，中国于 20 世纪 70 年代开始用于工业生产。

电积过程阳极采用不溶阳极，让电解质中欲提取的金属在阴极上沉积而析出，从而达到提取金属的目的。相对于经典的电解工艺来说电积是一个新工艺，打破了传统的湿法电解冶金，目前国内外很多国家都采用了不溶阳极电积，如芬兰哈贾伐尔塔精炼厂，南非的吕斯腾堡厂，国内的阜康冶炼厂均采用不溶阳极电积工艺。不溶阳极电积工艺劳动强度低，工艺流程简单等众多优点决定了不溶阳极电积工艺在冶金行业的领先地位。

镍电积槽的阳极设计一般采用 Pb－Ag－Ca－Sr 四元合金板，阳极过程主要是析氧过程，在直流电的作用下阴极沉积出金属镍，同时生成等当量的酸，为改善生产环境，电积槽液面采用酸雾捕收器，用泵将酸雾及氧气析出，防止酸雾溢出恶化环境。铅阳极进行电积前要先进行镀膜处理，即在酸性（硫酸）条件下，与阴极（镍始极片）通电一段时间，铅阳极表面会形成 PbO_2 薄膜，铅阳极因而有较好的稳定性。铅阳极在使用过程中存在溶解等缺点，极易污染阳极液，部分企业会采用钛基极板作为阳极板。

镍电积阴极为镍始积片。始积片生产与铜电解相似，采用光滑的钛板作为种板电解制成。通常种板周期为24h，出槽后剥下镍皮，经过对辊压纹、剪切、压标、订耳等工序，做成始积片后在30%～33%盐酸溶液中浸泡1～3min取出，用清水洗涤干净后下入电积槽作为阴极生产电积镍。

电积阴极液采用纯硫酸镍溶液，pH值控制2.5～3.5，采用阴极套袋隔膜电解，阴极液不断补入阴极室，阳极液从电积槽下液口流出返回浸出、萃取工序进行配料、碳酸镍制作及新液配置。

阴极周期为6～7d，产出的电积镍用开水烫洗，确保烫洗后的镍板表面及耳部无结晶、油污和水印，经分拣后送往成品车间剪切、包装成最终产品。

钛铱阳极钛基材经表面处理后，在其表面涂覆一层铂族金属盐，然后进行烧结，形成贵金属氧化物固溶体。此氧化物为缺氧型，因此电子可以进行传输、导电以及进行各种电化学反应的电催化。阳极过程主要是析氧过程，在直流电的作用下阴极沉积出金属镍，同时生成等当量的酸，为改善生产环境，电积槽液面采用酸雾捕收器，用泵将酸雾及氧气析出，防止酸雾溢出恶化环境。

4.3.2　镍电积精炼工艺流程

净化后硫酸镍溶液泵入电积新液贮槽，泵入加热器后进入高位槽，通过溢流进入电积槽。电积槽阳极采用铅合金阳极或钛铱阳极，阴极为镍始极片，电积过程中阳极板上发生析氧反应，产生的酸雾经捕集吸收后排放，溶液中镍离子在阴极上还原析出形成最终产品——电积镍。阳极液返回酸溶除铅、碳酸镍制作、浸出工序配液循环使用，工艺流程如图4－3所示。

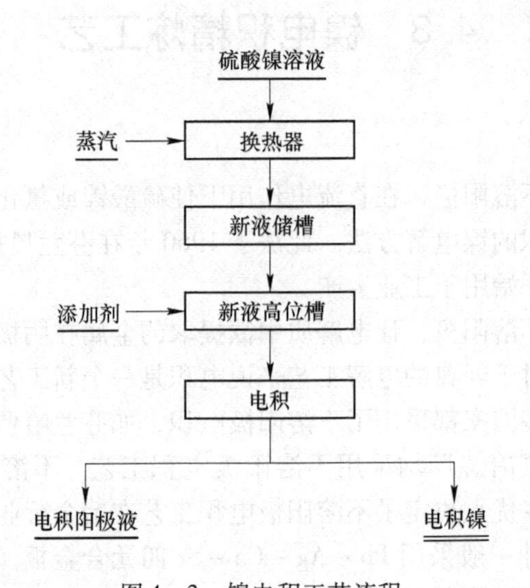

图4－3　镍电积工艺流程

4.4 镍电积精炼基本原理

4.4.1 硫酸电积基本原理

4.4.1.1 阳极过程

在不溶阳极上，发生以下电化学反应：

$$H_2O - 2e \longrightarrow 1/2O_2\uparrow + 2H^+$$

这个反应产出大量的氧气，同时生成等当量的酸，溶液的酸度会增高。

4.4.1.2 阴极过程

镍电积的目的是在阴极上沉淀出较纯的电镍，而不析出或尽可能少析出氢。

电积时阴极上主要进行的是还原反应：

$$Ni^{2+} + 2e = Ni$$

镍电积是在酸性溶液中进行的，溶液中标准电极电位比镍正的氢离子有可能在阴极上放电析出氢气：

$$2H^+ + 2e = H_2\uparrow$$

在生产条件下，氢的析出电位一般占电流消耗的0.5%～1.0%。在镍电解的阴极液中，除了含有H^+外，常含有少量铜、铁、钴、锌等有害杂质的金属离子。这些杂质离子的含量虽然很低，但标准电极电位较Ni^{2+}正的Cu^{2+}、Pb^{2+}等离子优先于镍离子还原析出，为了防止Cu^{2+}、Pb^{2+}等的析出，可在电积前面的工序中尽可能地除去，使它们的浓度控制在一定范围内。但是H^+总是存在的，这就使镍电积的阴极过程更加复杂化，阳极过程主要是电解水的过程，由于H^+的产生使溶液的pH值有下降趋势，为了尽可能地减少阴极上H^+的反应在实际生产中用隔膜袋分开并不断向隔膜袋中补充新的阴极液，使阴极液面始终高于阳极液面，这样有利于减少金属阳离子杂质在阴极上析出。

4.4.2 氯化电积基本原理

氯化电积过程阴极主要是金属镍的析出反应，阳极为氯气的生成反应，主要化学反应为：

阴极： $Ni^{2+} + 2e \longrightarrow Ni$ $2H^+ + 2e \longrightarrow H_2\uparrow$

阳极： $2Cl^- \longrightarrow Cl_2\uparrow + 2e$ $H_2O \longrightarrow 2H^+ + 1/2O_2\uparrow + 2e$

氯化镍的电解沉积是在阴极析出镍而使电解液中的Ni^{2+}贫化的同时，在阳极析出氯气。理论上溶液的pH值不变，这是$NiCl_2$电解液突出的优点之一，但氯气污染较为严重，须在阳极区域设专门的装置收集，并采用NaOH液吸收净化。氯化镍的电解沉积也采用不溶阳极隔膜电积。以石墨或具有贵金属氧化物活性层的钛板为不溶阳极，镍始极片作为阴极。电积的电流密度一般为220～230A/m^2，也可高达600A/m^2，电流效率可达99.97%。用玻璃纤维强化聚酯（FRP）或其他材料制作的阳极罩来收集氯气送浸出车间作氧化剂或制盐酸。

复习题

4－1　填空题

（1）可溶阳极电解分为粗镍阳极电解、硫化镍阳极电解、金属化阳极电解等三类。

（2）为了补充镍电解液中亏损的镍量，还需有相当数量的造液生产槽。

（3）在电场的作用下，溶液中的正离子向（　　）迁移，负离子向（　　）迁移，同时，在电极与溶液的界面上发生电化学反应，阳极上发生物质失电子的（　　），阴极上发生物质得电子的（　　）。

答：阴极；阳极；氧化反应；还原反应

（4）从阳极溶解过程来看，电解过程有（　　）和（　　）两类。

答：可溶阳极电解；不溶阳极电解

（5）传统净化工序除杂质工艺的顺序是：先除（　　），再除（　　），最后除（　　）。

答：铁；铜；钴

（6）二次高冰镍经高锍磨浮分离，产出（　　）、（　　）、（　　）。

答：二次镍精矿；二次铜精矿；二次合金

（7）铁、铜、钴陶管中过滤速度最大的是（　　）。

答：铜

（8）高氯根溶液中，铅、锌能与（　　）结合生成（　　），而（　　）不形成络合阴离子，采用（　　）交换树脂可将杂质铅、锌除去。

答：氯离子；络阴离子；镍；阴离子

（9）由于氢离子在阴极上析出电位比镍（　　），能优先析出，因此生产中创造条件控制（　　）析出，以保证阴极上（　　）的优先析出。

答：正；氢；镍

（10）硫化镍阳极电解过程中，大部分的硫形成（　　），部分形成（　　）。

答：阳极泥；硫酸

（11）钠离子能够提高电解液的导电性，降低（　　）以及电能的消耗，但是过高的钠离子会增加溶液的（　　），影响溶液的（　　）性能，最终影响产品质量。

答：槽电压；黏度；过滤

（12）镍电解过程中随着阳极板的溶解，进入阳极液的主要杂质元素有（　　）、（　　）、（　　），以及微量杂质元素（　　）、（　　）、（　　）等。

答：铁；铜；钴；铅；锌；砷

（13）氢离子浓度的负对数称为（　　）。

答：pH值

（14）净化（　　）与（　　）过程要用到大量的氯气，产生的余氯需用（　　）吸收处理。

答：除钴；铜渣；氢氧化钠

（15）铜渣浸出反应借助于（　　）传递电子加速反应进行，从而达到镍铜全浸的目的。

答：铜离子

（16）硼酸在电解液中作为（　　）来保持电解液（　　）的稳定，防止硫酸镍水解，另外，硼酸的存在还可减轻阴极电镍的（　　），使电镍表面平整光滑。

答：缓冲剂；pH 值；脆性

（17）在镍电解液的杂质元素中，（　　）的电负性最小，可采用（　　）除去。

答：铜；置换法

（18）在高锍磨浮生产过程中，约有 60% ~70% 的贵金属进入（　　）中，其余 30% ~40% 分散于（　　）中。

答：合金；镍精矿

（19）在高氯离子溶液中，铅、锌能与（　　）结合生成（　　），而（　　）不形成络合阴离子，生产中采用（　　）交换树脂可将杂质铅锌除去。

答：氯离子；络合阴离子；镍；阴离子

（20）在镍的可溶阳极电解过程中，由于（　　）的影响，使得阳极电流效率（　　）阴极电流效率。

答：阳极杂质；低于

（21）高锍磨浮产出的镍精矿，经反射炉熔化、（　　）、（　　）等工序制成具有一定物理规格的（　　）供电解精炼使用，同时也除去大约 10% 的（　　）。

答：浇铸；缓冷；高锍阳极板；杂质

（22）在镍精炼流程中，贵金属最终分散在合金与镍电解的（　　）及铜渣浸出渣中。

答：阳极泥

（23）可溶阳极电解中镍贫化的主要原因是（　　）、（　　）。

答：阴阳极电流效率差；各种渣带走镍量

（24）高锍磨浮车间产出的二次合金送（　　）提取贵金属，产出的镍精矿送熔铸车间生产（　　）阳极板，此阳极板送（　　）生产电解镍。

答：贵金属冶炼厂；高锍；镍电解车间

（25）镍电解工艺中除微量的铅采用（　　）和（　　）两种方法，目前生产中普遍采用（　　）。

答：碳酸钡除铅；离子交换；碳酸钡除铅

（26）黄钠铁矾除铁三要素是（　　）、（　　）、（　　）。

答：晶种；温度；pH 值

（27）除铜过程中加入阳极泥主要起（　　）的作用。

答：加快反应速度

（28）D201 是一种（　　）性（　　）树脂，用于除去电解液中的杂质锌。

答：强碱；阴离子

（29）影响阴极电流效率的因素有溶液的（　　）、（　　）、（　　）以及（　　）、（　　）大小等。

答：pH 值；温度；成分；电流密度；极间距

（30）镍电解车间使用的传统液固分离设备有（　　）、（　　）、（　　）、（　　）、（　　）、（　　）、沉淀池等。

答：管式过滤器；圆筒过滤机；浓密机；压滤机；带滤机；离心机

（31）净化过程中，常用的除铜方法有（　）、（　）、（　）。

答：置换沉淀法；硫化沉淀法；镍精矿取代法

（32）可溶电解的槽电压随着阳极周期呈现（　）变化，而不溶阳极电积（　）。

答：上升；不变

（33）溶剂萃取法与离子交换法一样是一种无渣新工艺，它具有（　）、（　）、（　）及易实现自动控制等优点。

答：操作简单；经济；高选择性

（34）硫化镍阳极板主要由（　）组成，此外还含有少量的以镍为主的（　）及微量（　）。

答：Ni_3S_2；合金；贵金属

（35）黄钠铁矾除铁适用于铁离子浓度为大于（　）g/L 的溶液，进行除铁的首要条件是含有（　）。

答：1；晶种

（36）阳极生产周期取决于（　）、（　）。

答：阳极板质量；电流强度

（37）可溶阳极电解生产槽中的阳极为（　），不溶阳极电解电积槽中的阳极为（　）。

答：高锍阳极；铅板或合金板

（38）镍精炼工艺大致可分为两类四种，一类是可溶阳极电解，即（　）和（　），另一类是选择性浸出—净液—电积的湿法精炼工艺，其介质分为（　）、（　）两种体系。

答：硫化镍可溶阳极电解；粗镍阳极电解；纯硫酸盐；纯氯化物

（39）溶剂萃取过程由（　）、（　）两工序组成。

答：萃取；反萃取

4－2　选择题

（1）生产槽中阳极电流效率低于阴极电流效率的主要原因是（　）。

A. 杂质离子溶解　　B. 氯气析出　　C. 氢气析出　　D. 含酸过高

答：A

（2）废水中镍含量要求小于（　）mg/L。

A. 100　　B. 150　　C. 200　　D. 300

答：B

（3）目前镍电解车间采用的离子交换除锌树脂为（　）。

A. 717 树脂　　B. D363 树脂　　C. D201 树脂

答：C

（4）生产槽中提到的电流效率一般指（　），而造液槽中提到的电流效率一般指（　）。

A. 阴极电流效率　　B. 阳极电流效率　　C. 阴阳极电流效率

答：A；B

（5）镍电解过程中，为了维持体系钠离子平衡，采取抽取部分电解液制作（　）。

A. 碳酸钠 B. 纯碱 C. 黄钠铁矾 D. 碳酸镍

答：D

（6）阳极板出炉后保温的首要目的（ ）。

A. 完成晶型转变 B. 降温 C. 防氧化

答：A

（7）下列哪种物料贵金属富集量最高（ ）。

A. 镍精矿 B. 铜精矿 C. 一次合金 D. 二次合金

答：D

（8）不属于硫化镍电解工艺缺点的是（ ）。

A. 工艺冗长 B. 能耗大 C. 电流密度低 D. 规模小

答：D

（9）下列哪项不是卡尔多转炉吹炼的目的（ ）。

A. 铜镍分离 B. 脱硫 C. 脱铜 D. 造高镍渣

答：C

（10）钴渣含镍量在（ ）左右。

A. 20% B. 30% C. 40% D. 25%

答：B

（11）镍电解除锌工艺采用（ ）法。

A. 共沉淀法 B. 离子交换法 C. 萃取法

答：B

（12）净化生产中，压滤机属于（ ）过滤设备。

A. 加压 B. 重力 C. 负压

答：A

（13）高锍板中的镍主要以（ ）形式存在。

A. NiS_2 B. Ni_6S_5 C. Ni_3S_2 D. NiS

答：C

（14）镍电解生产中阴极电流效率（ ）阳极电流效率。

A. 大于 B. 小于 C. 等于

答：A

（15）目前生产中，下列哪种元素在阳极液中含量最高（ ），哪种元素含量最低（ ）。

A. 铁 B. 铜 C. 钴

D. 铅 E. 锌 F. 镍

答：F；E

（16）在镍精炼流程中，贵金属最终分散在（ ）。

A. 合金、镍电解阳极泥、铜渣浸出渣 B. 一次合金、二次合金

C. 精矿、铜精矿、合金 D. 高冰镍

答：A

（17）镍电解锌的主要开路途径为（ ）。

A. 电解镍带走 B. 钴渣带走 C. 除锌洗脱水外排 D. 二次铁渣带走

答：C

（18）下面哪个因素不是镍电解溶液体系需要补镍的原因（　　）。

A. 阴阳极效率差　B. 外付渣带走镍　C. 残极带走镍　D. 溶液跑冒滴漏

答：D

（19）可溶阳极电解生产中净化工序没有采用的方法是（　　）。

A. 溶剂萃取法　B. 硫化沉淀法　C. 离子交换　D. 水解沉淀法

答：A

（20）镍电解生产中，阳极液的含铁量通常在（　　），因此采用中和水解沉淀法最好。

A. 0.3～0.6g/L　B. 0.01～0.1g/L　C. 0.7～1.0g/L　D. 1.0～1.5g/L

答：A

（21）空气作为氧化剂的优点描述不正确的是（　　）。

A. 价格低　B. 反应速度快　C. 杂质引入量少　D. 来源丰富

答：B

（22）高锍阳极板中，硫的含量一般在（　　）范围。

A. 大于25%　B. 23%～25%　C. 小于20%　D. 18%～22%

答：B

（23）镍电解净化除钴过程中，以（　　）作氧化剂。

A. 氯气、精碳酸镍　B. 氯气、粗碳酸镍

C. 压缩空气、精碳酸镍　D. 压缩空气、粗碳酸镍

答：A

（24）最终出镍电解车间的渣或副产品为（　　）。

A. 阳极泥、一次铁渣、铜渣、钴渣

B. 黄钠铁矾渣、铜渣浸出渣、阳极泥、海绵铜

C. 阳极泥、海绵铜、一次铁渣　D. 一次铁渣、铜渣、钴渣

答：B

（25）镍电解除钴和铜渣浸出产出的余氯需用（　　）。

A. Na_2CO_3　B. $NaOH$　C. Na_2CO_3+NaOH　D. H_2O

答：B

（26）下列哪些作业过程不需加温（　　）。

A. 溶碱　B. 过滤　C. 铁矾生成　D. 碳酸镍制作

答：B

（27）镍电解过程中，下列哪种材料单耗最大（　　）。

A. 盐酸　B. 硫酸　C. 氯气　D. 纯碱

答：D

（28）可溶阳极电解生产中净化工序没有采用的方法是（　　）。

A. 溶剂萃取法　B. 硫化沉淀法　C. 离子交换　D. 水解沉淀法

答：A

（29）下面哪项措施不能提高除钴效率（　　）。

A. 延长除钴反应管道　B. 钴溜槽增加盖板

C. 增加氯气稳压装置　　D. 稳定除钴流量

答：B

（30）镍电解生产中最终起到脱铜作用的工序是（　　）。

A. 净化除铜　　B. 铜渣浸出　　C. 造液　　D. 电解

答：C

（31）在镍电解生产中，对溶液能起到补充 Cl^- 的工序为（　　），补充 SO_4^{2-} 的工序为（　　）。

A. 除铁　　B. 电解　　C. 除钴　　D. 铁渣酸溶

答：C；D

（32）镍电解生产中，最终使铁形成开路的工序是（　　）。

A. 除铁　　B. 电解　　C. 黄钠铁矾除铁　　D. 造液

答：C

（33）下列哪种渣的过滤性能最好（　　）。

A. 一次铁渣　　B. 钴渣　　C. 铁矾渣　　D. 铜渣

答：D

（34）电炉和闪速炉的主要熔炼产物是（　　）。

A. 高冰镍　　B. 低冰镍　　C. 焙砂　　D. 炉渣

答：B

（35）溶液中（　　）的存在可以加速 Fe^{2+} 的氧化速度。

A. 铜离子　　B. 镍离子　　C. 钴离子

答：A

（36）目前镍电解生产中，除锌主要采用（　　）工艺。

A. 碳酸钡　　B. 离子交换　　C. 硫化沉淀　　D. 氯气浸出

答：B

（37）下列哪种渣含镍最高（　　）。

A. 海绵铜　　B. 钴渣　　C. 二次铁渣　　D. 阳极泥

答：B

（38）一次合金造锍熔炼的最直接的目的是（　　）。

A. 融化合金　　B. 使贵金属进一步富积

C. 为了便于合金的提取　　D. 除渣

答：B

（39）3 万吨加压—浸出—萃取生产中使用的萃取剂是（　　）。

A. 磺化煤油　　B. C272　　C. P507　　D. P204

答：B

（40）3 万吨加压浸出—萃取—电积生产工艺为（　　）体系。

A. 硫酸盐体系　　B. 氯化物体系　　C. 混酸体系

答：A

（41）镍电解车间主要补镍途径为（　　）。

A. 镍精矿　　B. 车间溶液　　C. 造液工序　　D. 渣洗镍

答：C

（42）在氯化物体系中的不溶阳极电解过程，阳极的主要产物是（　　）。

A. H_2　　B. O_2　　C. Cl_2　　D. 其他

答：C

（43）在硫酸浸出—电积过程中，阳极的主要产物是（　　）。

A. H_2　　B. O_2　　C. Cl_2　　D. 其他

答：B

4－3　判断题

（1）净化除钴过程中每个系统槽与槽之间呈并联关系。（　　）

答：×

（2）目前镍电解车间采用离子交换法除锌工艺。（　　）

答：√

（3）日产电镍 300t，新液单耗为 $65m^3/tNi$，则新液用量为 $19500m^3$。（　　）

答：√

（4）制作碳酸镍的目的是为了控制体系中的镍离子浓度。（　　）

答：×

（5）除钴 1 号槽氧化还原电位越高，对除钴生产越有利。（　　）

答：×

（6）在净化除铁过程中，压缩空气只起氧化剂的作用。（　　）

答：×

（7）镍电解过程中，阴极电流效率与阳极电流效率相等。（　　）

答：×

（8）对于含铁小于 0.1g/L 的溶液，可采用离子交换法、萃取法等无渣工艺。（　　）

答：√

（9）对于含铁 0.1～1g/L 的溶液，一般采用中和水解沉淀法除铁。（　　）

答：√

（10）生产中当碳酸镍量不足时，可以用碳酸钠代替或者直接抽浓密机底流来应急。（　　）

答：×

（11）除钴通入氯气量越大，其氧化还原电位越高，1 号槽 pH 值也越高。（　　）

答：×

（12）电流越高，则阳极板溶解速度越快。（　　）

答：√

（13）目前镍电解车间锌的主要开路途径是电解镍带走。（　　）

答：×

（14）阳极液中加入碳酸钡可除去溶液中微量元素铅。（　　）

答：√

（15）电解过程阳极效率低的原因是由于主体金属析出的同时，其他杂质离子也析出，同时，存在造酸反应。（　　）

答：√

(16) 镍电解溶液中的铅主要在阳极液中加碳酸钡和净化除钴除去。( )

答：√

(17) 净化除钴和铜渣浸出产出的余氯需用碳酸钠吸收。( )

答：×

(18) 镍电解过程中，阴极上只有镍析出。( )

答：×

(19) 生产槽中阳极电流效率低于阴极电流效率的主要原因是氢气析出。( )

答：×

(20) 卡尔多转炉吹炼的目的是使镍以氧化镍形式进入渣中，达到铜、镍分离，同时进一步脱硫。( )

答：√

(21) 目前生产中使用的除锌树脂为强碱性阴离子树脂。( )

答：√

(22) 铁陶管过滤时，陶管之间成并联关系。( )

答：√

(23) 铜渣浸出为选择性氯气浸出。( )

答：×

(24) 纯碱的唯一用途是用来制作碳酸镍。( )

答：×

(25) 阳极泥和浸出铜渣的主要成分为单质硫。( )

答：√

(26) 净化除铜过程中加镍精矿可以补充溶液中镍量。( )

答：√

(27) 净化铁、铜、钴管式过滤器均需要酸洗。( )

答：×

(28) 制作碳酸镍的目的是为了排出溶液中的钠离子。( )

答：√

(29) 铁、铜、钴三种渣过滤速度最小的是钴渣。( )

答：×

(30) 残极的化学成分与高锍阳极板的化学成分基本相同。( )

答：√

4-4 简述题

(1) 为什么净化要先除铁后除铜？

答：

在一般中和水解除铁时，由于溶液中铜离子的存在可以加速 Fe^{2+} 的氧化，有利于水解除铁反应的进行，反过来由于水解沉淀除铁的同时可以除去约 30% 的铜，从而减轻了除铜的负担，为除铜创造了有利的条件。

（2）简要说明钠离子浓度的高低对电解过程的影响。

答：

适当的钠离子浓度可增大电解液导电性，降低槽电压，降低电能消耗，但也不宜过高，否则会增加阴极内应力，引起镍板爆皮、弯曲，还可促使电极极化现象更为严重。另外，钠离子过高还将增加溶液黏度，影响过滤性能，极易产生结晶，堵塞管道和阀门，影响生产。

（3）镍电解生产中为什么要控制电解液中的镍离子浓度？

答：

阴极镍的析出电位与电解液中镍离子浓度有关，为了得到高纯度电镍产品，生产中对镍离子浓度有一定的要求。镍离子浓度太低，将促使阴极上氢气的析出，使得阴极区局部 pH 值升高，形成 $Ni(OH)_2$ 沉淀，影响产品质量；镍离子浓度过高会造成净化过程渣带走镍量的增加，影响车间回收率，同时，镍离子浓度过高既不经济也没必要。

（4）净液工序中净化、过滤及溶液输送的作用各是什么？（一般题）

答：

净化工序按工艺技术要求除去阳极液中的杂质，保证阴极液质量符合电解技术要求；过滤工序进行液固分离，将除完杂质的溶液和生成的渣分开；溶液输送工序通过泵类设备和工艺管道完成对溶液和浆化液的输送。

（5）有些外来液为什么不能直接进入净化生产？

答：

外来液中酸或铜离子浓度相对较高，一般先经造液脱铜、脱酸后方可并入阳极液进入净化系统，否则会加大净化生产的负担。

（6）简述净化除铁的基本原理。

答：

除铁是将阳极液加温到一定温度，鼓入空气，通过氧化水解反应，把溶液中的 Fe^{2+} 氧化成 Fe^{3+}，并加入中和剂碳酸镍，把溶液 pH 值调至 3.5～4.0，使 Fe^{3+} 水解成难溶的 $Fe(OH)_3$ 胶体沉淀除去。

（7）简述镍电解生产过程中镍的来源与走向。（重点题）

答：

镍的来源包括阳极板、镍精矿带入的镍量及少量的外来液中的镍量，其中阳极板中的镍量是主要来源；镍的去向包括电镍、残极、各类渣中的镍量及微量的镍损失，其中电镍中的镍量是主要支出部分。

（8）镍电解生产中各工序的主要原料是什么？（重点题）

答:

电调为高锍阳极板和新液，净化为混合阳极液和镍精矿，造液为高锍阳极板、镍杂板、残极及外来液。

(9) 镍电解精炼特点?

答:

1) 隔膜电解。

2) 电解液必须深度净化。

3) 电解液酸度低。

4) 造液补充镍离子。

(10) 简述镍电积精炼工艺流程。

答:

净化后硫酸镍溶液泵入电积新液贮槽，泵入加热器后进入高位槽，通过溢流进入电积槽。电积槽阳极采用铅合金阳极或钛铱阳极，阴极为镍始极片，电积过程中阳极板上发生析氧反应，产生的酸雾经捕集吸收后排放，溶液中镍离子在阴极上还原析出形成最终产品——电积镍。阳极液返回酸溶除铅、碳酸镍制作、浸出工序配液循环使用。

(11) 简述硫酸电积与氯化电积原理。

答:

1) 硫酸电积原理。

阳极过程：在不溶阳极上，发生以下电化学反应：$H_2O - 2e \rightarrow 1/2O_2\uparrow + 2H^+$，这个反应产出大量的氧气，同时生成等当量的酸，溶液的酸度会增高。

阴极过程：镍电积的目的是在阴极上沉淀出较纯的电镍，而不析出或尽可能少析出氢。电积时阴极上主要进行的是还原反应：

$$Ni^{2+} + 2e = Ni$$

镍电积是在酸性溶液中进行的，溶液中标准电极电位比镍正的氢离子有可能在阴极上放电析出氢气：

$$2H^+ + 2e = H_2\uparrow$$

2) 氯化电积原理。

氯化电积过程阴极主要是金属镍的析出反应，阳极为氯气的生成反应，主要化学反应为：

阴极：$Ni^{2+} + 2e \longrightarrow Ni$　$2H^+ + 2e \longrightarrow H_2\uparrow$

阳极：$2Cl^- \longrightarrow Cl_2\uparrow + 2e$　$H_2O \longrightarrow 2H^+ + 1/2O_2\uparrow + 2e$

(12) 在同样电流下，为什么电解槽电压高于电积槽槽电压?

答:

由于电解生产槽中使用的是高锍阳极板，其阳极板质量、成分都将增大槽电压。电积槽使用的是钛涂铱合金阳极板，其导电性较高，电压降较小，因此电解槽槽电压高于电积槽槽电压。

4－5　论述题

（1）试述镍电解生产中的除铅方法及其原理。

答：

在镍电解生产中，铅杂质主要通过碳酸钡除铅和净化渣带走的方式除去。

碳酸钡除铅原理：根据溶度积规则，当溶液中 Ba^{2+} 与 SO_4^{2-} 浓度大于 $BaSO_4$ 溶度积时，硫酸钡就以沉淀形式形成，与此同时溶液中的 Pb^{2+} 与 SO_4^{2-} 形成硫酸铅随硫酸钡一起沉淀，从而将溶液中的铅除去。

（2）试述槽电压升高的原因及降压措施。

答：

槽电压升高的原因：

1）阴阳极接触点没擦干净。

2）阳极周期长，残极率偏低。

3）没有定期刮阳极泥或阳极泥没刮干净。

4）电解槽掏槽不及时。

降压措施：

1）保持阴阳极接触点良好。

2）合理控制阳极周期。

3）阳极泥要刮干净。

4）及时掏槽。

（3）净化送液量不足对镍电解整体生产及产品质量有何影响？

答：

1）净化送新液量不足，电解新液循环量达不到技术要求，电镍表面易形成氢氧化镍，影响电镍品级率。

2）净化送新液量不足，电解会出现间断循环、降低生产电流等问题，在影响电镍产量的同时也会增加岗位职工的劳动强度。

3）净化送新液量不足，电解阳极液落地，净化除铁温度控制不稳定，影响除铁工序质量。

（4）在镍电解生产中，如何做好体积平衡工作？

答：

1）严禁生产无序用水，要根据体系总体积大小及镍离子浓度高低有计划的用水。

2）加强碳酸镍的制作，保证上清液外排量。

3）根据生产体积情况，合理控制外来液进入量。

4）减少溶液落地，杜绝溶液跑、冒、滴、漏及长流水现象。

（5）简述镍电解生产过程中镍的来源与走向。

答：

镍的来源包括阳极板、镍精矿带入的镍量及少量的外来液中的镍量，其中阳极板中的镍量是主要来源；镍的去向包括电镍、残极、各类渣中的镍量及微量的镍损失，其中电镍中的镍量是主要支出部分。

4-6 案例分析

（1）在生产过程中，现场有氯气或二氧化硫味道时，需采取哪些防护措施？

答：

1）及时戴上应急包中的防护口罩或防毒口罩；

2）情况严重时，汇报中控室，并组织岗位人员沿逆风向从现场快速撤离。

（2）新液杂质成分超标造成阳极液大量落地，试分析阳极液落地给生产带来的不利影响。

答：

1）碳酸钡加入到阳极液回液总管后直接落地，影响碳酸钡除铅效果，增加净化工序除铅压力。

2）阳极液落地后温度下降，影响净化除铁质量，加温需增加蒸汽用量。

3）地面的有机物、阳极泥等杂质较多，阳极液落地后再用会增加杂质含量，增加净化除杂负担。

（3）某电解厂房出现镍板大面积长气孔现象，净化工序采取了加木炭粉、提高新液 pH 值等措施，电解工序需采取哪些具体措施？

答：

1）始极片下槽前用盐酸处理干净，盐酸槽的酸浓度要达到技术要求。

2）保证新液循环量，镍离子偏低时，要将生产电流控制在与镍离子匹配的范围之内。

3）根据季节变化调整好新液温度，控制范围 65～70℃，冬季走上线，夏季走下线。

4）防止新液跑浑，跑浑液进到电解工序时，需要循环沉淀，严重跑浑时，做放液处理。

5）根据槽况，及时组织掏槽工作，掏槽后尽量不要集中使用新隔膜袋，新隔膜袋使用前要用开水烫洗处理，旧隔膜袋使用前用自来水冲洗干净。

4-7 综合分析题

（1）如何做好镍离子的金属平衡工作？

答：

1）提高造液效率，加强造液工序的补镍工作。

2）平衡好外来溶液的补镍量。

3）降低各种渣量及渣含镍指标。

4）做好各种渣的处理及洗涤工作。

5）保证阳极板的含镍量。

（2）综合说明镍电解可溶阳极工艺中新液成分对电解生产的影响。

答：

1）溶液中镍离子浓度过高会造成原材料浪费，同时渣带走镍量增多；溶液中镍离子浓度过低，隔膜内镍离子易贫化，影响电镍质量。

2）溶液中铁、铜、铅、锌、砷等杂质偏高，会造成电镍化学质量波动，超标时影响品级率指标的完成。

3）氯离子是一种很活泼的负离子，能穿透阳极表面的氧化膜，同时可以降低溶液的黏度，降低溶液的电阻，改善溶液的导电性。

4）钠离子可以增大电解液导电性，降低槽电压，减少电耗。钠离子浓度过高，将增加溶液的黏度，易发生阳极钝化，形成结晶堵塞管道。

5）硼酸能维持阴极表面电解液 pH 值在一定程度下的稳定，减少水解反应发生的几率，有利于电流效率的提高和电镍质量的改善。

6）有机物高时，吸附在阴极表面会形成绝缘点阻碍电力线的穿过是镍离子不能在该处沉积，从而形成气孔。

5　始极片的制作与加工

5.1　始极片的制作与加工过程

5.1.1　始极片制作与加工原理及流程图

在电镍生产过程中，始极片加工向生产槽提供作为初始阴极的镍始极片。

镍电解（积）的阴极为镍始极片。一般采用钛种板生产始极片，钛种板上沉积的镍层剥离下来，经过加工制作成始极片。

从钛种板上剥离下来的始极片由于沉积时间短，刚度差，下槽后容易变形，因此下槽前必须进行适当的机械加工及表面处理。

首先始极片经过对辊压纹机进行平压，剪切成形再用钉耳机铆上双耳，再二次压纹。

种板槽阴极周期：在电流密度 210 ~ 230A/m^2 条件下，一般为 24h，其他技术操作条件与生产槽相同。镍种板尺寸如图 5－1 所示。始极片制作流程如图 5－2 所示。

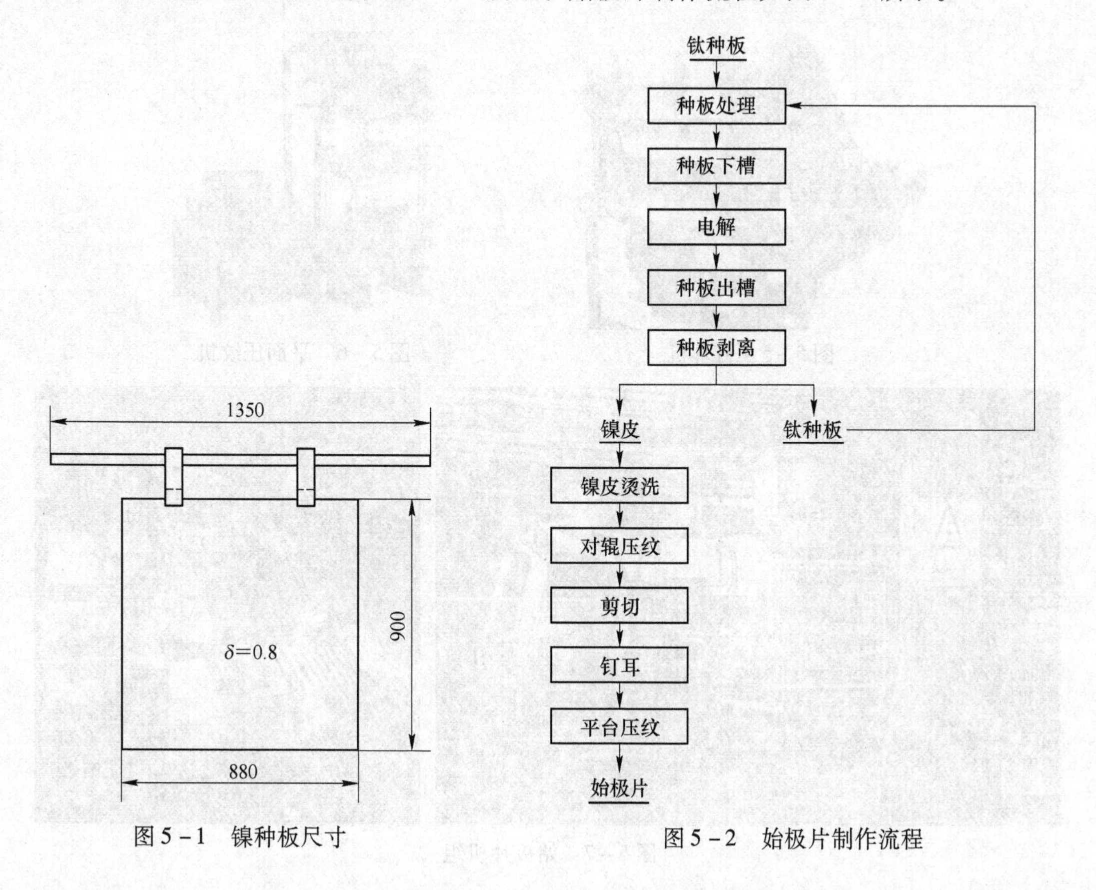

图 5－1　镍种板尺寸

图 5－2　始极片制作流程

5.1.2　始极片制作与加工主要设备设施

5.1.2.1　手动作业设备

手动作业设备主要包括：对辊压纹机（见图 5－3）、剪板机（见图 5－4）、钉耳机（见图 5－5）、平台压纹机（见图 5－6）、排板架。

5.1.2.2　始极片机组

始极片机组包括备片、对辊压纹、剪切、钉耳、码片等工位，后续包括排板架。始极片机组如图 5－7 所示。

图 5－3　对辊压纹机

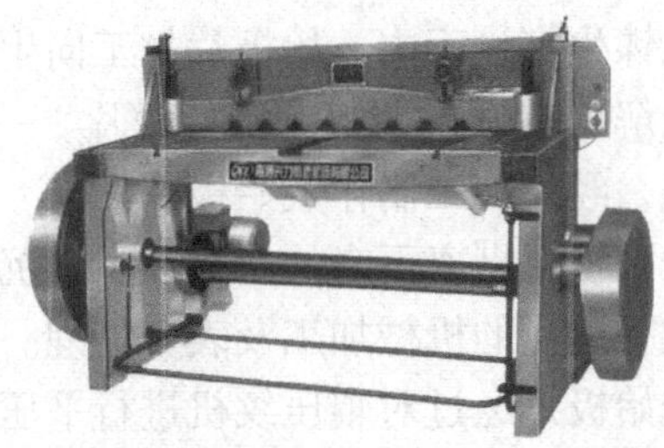

图 5－4　剪板机

图 5－5　钉耳机

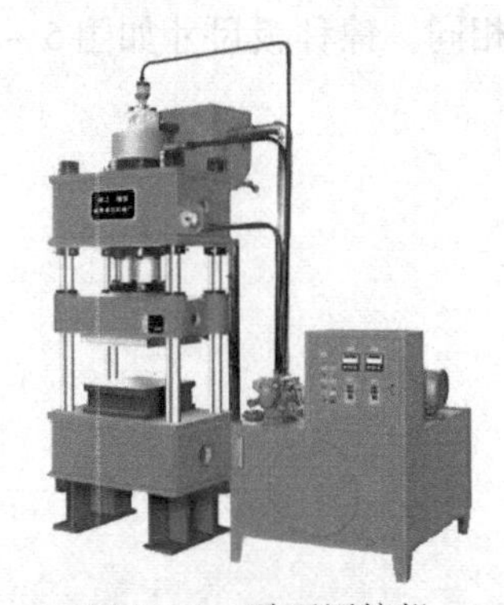

图 5－6　平面压纹机

图 5－7　始极片机组

5.1.3 始极片制作与加工生产操作实践

始极片制作与加工操作主要包括4个单元作业：种板准备、镍皮生产、种板剥片、始极片加工。

5.1.3.1 第一单元——种板准备

A 种板打磨

为了使新种板上镍皮可以较为轻松地剥离，需对种板进行人工打磨处理。

B 种板铆耳

钛种板在制作时，将铜耳部用铆钉将两只耳部铆接在钛种板母体上。

C 种板酸处理

钛母板每次下槽前要用65～75℃热水做烫洗处理。对于新钛种板和使用了20～30天的钛种（母）板必须进行专门的酸洗处理，酸洗时用400～700g/L的H_2SO_4浸泡30～120s，然后再用热水冲洗干净表面。

5.1.3.2 第二单元——镍皮生产

A 种板下槽

钛种板在始极片生产过程中作为阳极使用，可长期放置于电解槽中，不用进行出装操作。只有在钛种板有所破损或出现其他质量问题时才将此钛种板单独吊出进行更换。

B 种板槽作业控制

种板槽一般情况下同普通生产槽在一起，生产周期较短，一般在24h。

5.1.3.3 第三单元——种板剥离

种板剥离主要分为手动作业和自动化作业：

（1）手动作业。包括擦拭接触点、横电、烫洗、胶条包边拆除、镍皮剥离、种板处理。

（2）自动化作业。每次从一侧滚压沉积的镍皮，轻柔地曲挠板面，使得沉积的镍皮在上方与母板间产生开口。剥片单元将镍皮从母板上分离下来。剥下的镍皮，从皮带输送机上运送到提升装置上，然后送去堆垛。

5.1.3.4 第四单元——始极片加工

始极片加工包括：

（1）对辊压纹；

（2）始极片剪切：手动剪切采用的立刀剪切，机组剪切采用的滚刀剪切；

（3）始极片钉耳；

（4）始极片平压。

5.2 始极片制作与加工常见故障判断与处理

5.2.1 成张率低

在种板生产过程中，如果种板表面存在油污、灰尘等污染，容易发生爆皮、粘板、包边、始极片不易从母板上剥离的不良现象，始极片合格率低。

针对生产中以上原因采取以下措施：

（1）钛母板下槽前要用热水进行处理；对于使用一段时间的钛母板要用硫酸浸泡，然后热水中冲洗干净。

（2）种板生长周期过短，则始极片较薄，不易剥离，同时强度不够，容易弯曲；种板生产周期过长，则始极片较厚，钉耳钉不牢，耳子容易掉，生产中种板生长周期为24h，才能有效控制种板成张率。

（3）加强岗位精细化操作，处理种板要勤、要轻。种板在剥离时轻拿轻放，以防镍皮被撕坏。

5.2.2 始极片尺寸不符合要求

如果加工始极片大于规格尺寸，产出电镍薄厚不均匀，影响电镍的表观质量，而且始极片过大，下槽和出槽时不好操作。始极片如果小于规格尺寸，电镍出现边部结粒现象。生产中针对以上原因可采取以下措施：

（1）种板剥离的始极片，必须经过压纹机压纹。

（2）剪切时要按技术条件操作，始极片尺寸波动不能超过5mm，始极片要平直。

（3）加强设备维护，正确使用操作。及时调整剪刃，保证始极片的质量。

5.2.3 始极片表面油污

加工过程中，设备漏油致使始极片表面沾有油污。生产中针对以上原因可采取以下措施：

（1）制作过程若发现油污、铁锈要及时用干净抹布擦掉。

（2）始极片下槽前在酸中浸泡，把表面脏物处理干净，用清水冲洗后再下入电解槽中。

（3）下入槽内的始极片须逐片检查。

复习题

5-1 填空题

（1）处理镍始极片时，要用（　　）酸，而处理种板是要用（　　）酸。

答：盐；硫

(2) 钛种板上沉积的镍皮剥离下来，需经过加工制作工序，制成（ ），作为（ ）下入生产槽中。

答：始极片；阴极

(3) 一槽种板，一次可产出（ ）张镍皮，种板周边使用的胶条、胶带等材料起（ ）作用。

答：76；绝缘

(4) 种板槽与生产槽的比例约为（ ）。

答：1∶10

5－2 判断题

(1) 机组上常用的螺丝是4.8和8.8的。（ ）

答：√

(2) 种板槽与生产槽的技术条件不同。（ ）

答：×

(3) 种板槽开槽数一般为电解槽总数的10%。（ ）

答：√

(4) 电解生产中使用的种板不需要处理。（ ）

答：×

(5) 始极片经盐酸处理后即可下槽使用。（ ）

答：×

5－3 简述题

(1) 在电解生产中，种板胶条或边部绝缘层脱落后，对镍皮的质量有何影响？

答：

胶条或边部绝缘层脱落后，母板两侧边的镍皮会黏结在一起，不利于镍皮剥离，影响到始极片的成张率。

(2) 为什么将常用的始极片规格尺寸定为880mm×860mm，过大、过小对电镍有何影响？

答：

始极片的规格根据对应的阳极板规格而定，如果过大，则产出的电镍边部较薄，影响电镍的表观质量；如果过小，电镍会出现边部结粒现象，同样影响电镍的表观质量，而且电镍的产出量也会受到影响。

(3) 始极片下槽前如何处理？

答：

始极片下槽前应在盐酸溶液中浸泡1～2min，之后用清水冲洗始极片表面，同时要进行平板作业，保证始极片板面平整。

5-4 论述题

试述始极片质量缺陷产生的原因及对电镍物理外观质量的影响？

答：

质量缺陷产生的原因：

（1）剪切的始极片尺寸不标准。

（2）始极片缺边少角，有飞边毛刺。

（3）耳子长短不一。

（4）耳子不牢固。

（5）始极片表面有气孔、疙瘩等缺陷。

对电镍外观质量的影响：

（1）尺寸过小的始极片产出的电镍易出现唇边或边部结粒；尺寸过大的始极片产出的电镍易出现薄厚不均问题。

（2）始极片耳子长短不一，阴阳极无法对正，产出的镍板也薄厚不均，同时耳子接触不好，容易烧断耳子。

（3）始极片飞边毛刺易刮坏隔膜袋，出现海绵镍。

（4）始极片表面有气孔、疙瘩，产出的电镍会出现更严重的质量问题。

5-5 事故处理题

某电解厂房始极片用酸多次处理后表面仍不洁净，试分析其成因并提出解决措施。

答：

产生的原因：

（1）盐酸使用时间过长，浓度较低。

（2）始极片在加工过程中油污污染严重。

（3）始极片在厂房内存放时间过长。

解决措施：

（1）按使用时间规定及时更换盐酸。

（2）杜绝始极片加工设备漏油，及时清理设备油污。

（3）厂房内备用始极片存放时间不宜过长，要经常倒用。

5-6 综合分析题

分析始极片质量缺陷产生的原因及对电镍物理外观质量的影响。

答：

质量缺陷产生的原因：

（1）剪切的始极片尺寸不标准。

（2）始极片缺边少角，有飞边毛刺。

（3）耳子长短不一。

（4）耳子不牢固。

（5）始极片表面有气孔、疙瘩等缺陷。

对电镍外观质量的影响：

(1) 尺寸过小的始极片产出的电镍易出现唇边或边部结粒；尺寸过大的始极片产出的电镍易出现薄厚不均问题。

(2) 始极片耳子长短不一，阴阳极无法对正，产出的镍板也薄厚不均，同时耳子接触不好，容易烧断耳子。

(3) 始极片飞边毛刺易刮坏隔膜袋，出现海绵镍。

(4) 始极片表面有气孔、疙瘩，产出的电镍会出现更严重的质量问题。

6　镍电解精炼阴阳极出装

6.1　阳极出装

6.1.1　可溶阳极电解

6.1.1.1　出装工艺流程

阳极板穿棒、排板待用。电解槽中的阳极生产半个周期后，吊出进行刮泥子作业，挂完泥子后再下入电解槽生产；全周期的阳极板经过刮泥子后，甩至残极斗中，将排板后的新阳极下入电解槽中进行生产，新下槽的阳极板要经过绞铜线作业。

可溶隔膜电解镍阳极出装工艺流程如图6－1所示。

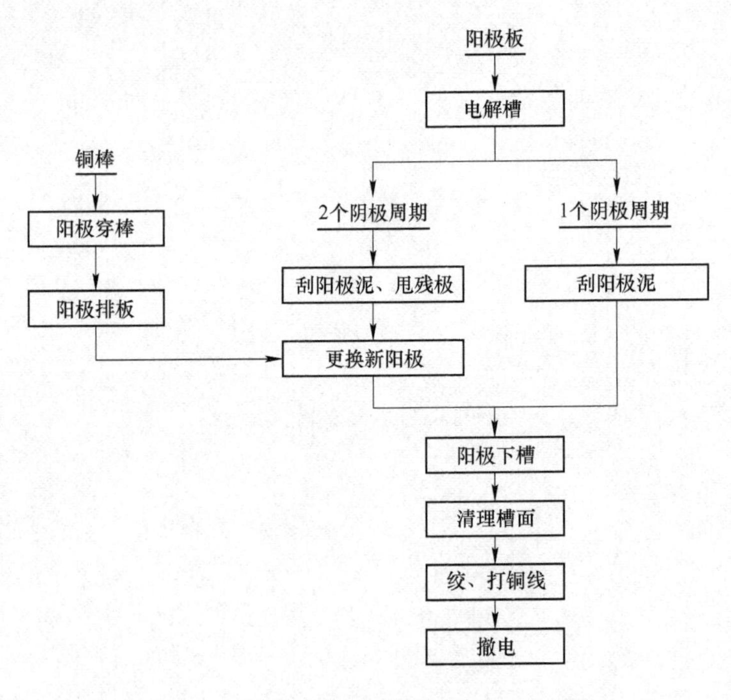

图6－1　可溶隔膜电解镍阳极出装工艺流程

6.1.1.2　阳极出装主要设备

阳极出装主要包括平台吊车。

相关的工器具包括：

（1）pH 值试纸。测定溶液的酸碱度，分为广泛试纸和精密试纸。

（2）温度计。测量新液或阳极液温度，常用的由水银温度计和煤油温度计。

（3）刮楸。用于出装刮阳极泥时使用的工具。

（4）大吊架。起种板时用来吊种板的工具。

（5）小吊架。出装阴、阳极时的工具。

（6）排板架。用来上阳极或放电镍的架子。

（7）扁铲。用来剥离始极片的工具。

（8）钢丝绳。用来吊运或烫电镍的工具。

（9）打火棍。用来检查阴阳极导电情况的使用工具。

（10）循环钩。用来捅开所堵循环眼的使用工具。

（11）打板。用来校正阴阳极铜线的使用工具。

（12）绞钩。用来调整阳极铜线高低的使用工具。

（13）拔堵钩。用来掏槽或洗板槽放水时钩子下液口堵子的工具。

（14）大钳子。用来捞取掉入槽内的阳极或残极的工具。

（15）翻板架。电镍入库时使用的一种电镍检验的一种架子。

6.1.2 不溶阳极电积

6.1.2.1 阳极出装工艺流程

不溶阳极电积生产工艺中采用不溶阳极，材质为铅合金阳极或钛基阳极。

不溶阳极由于其特性，可长期放置于电积槽中，不用进行出装操作。只有在阳极涂层有所破损或出现其他质量问题时才将此阳极单独吊出进行更换。

6.1.2.2 阳极出装主要设备

阳极出装主要包括：双梁桥式绝缘吊车。

6.2 阴极出装

6.2.1 阴极出装工艺流程

将生产到阴极周期的电解镍吊出，放在阴极排板架上，阴极室盖好。将电解镍吊运至洗板槽进行烫洗，完毕后，放入翻板架上进行检验。待用的始极片下入电解槽进行生产。

可溶隔膜电解镍阳极出装工艺流程如图 6－2 所示。

6.2.2 阴极出装主要设备

阴极出装主要设备包括：平台吊车、阴极排板架、阴极室盖板、双梁绝缘桥式吊车等。

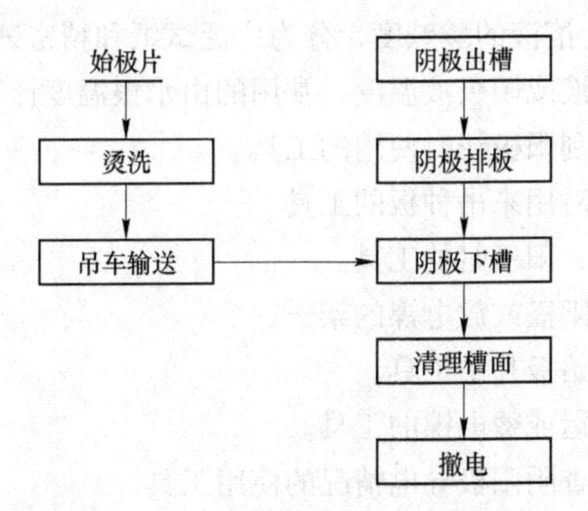

图6-2 可溶隔膜电解镍阳极出装工艺流程

6.3 镍精炼阴阳极出装生产操作实践

6.3.1 可溶阳极电解

可溶阳极电解主要操作包括阳极穿棒、阳极上架排板、横电阴极出槽、阳极刮泥子、阳极下槽、电镍烫洗及质量检验、阴极烫洗下槽等作业。

6.3.2 不溶阳极电积

不溶阳极电积工艺由于其阳极不溶，其阳极在电积槽中基本不用吊装。其主要包括的操作包括横电阴极出槽、电镍烫洗及质量检验、阴极烫洗下槽。

6.4 出装常见故障判断与处理

工艺过程发生事故、故障，将直接影响产品质量及生产任务的完成，给生产组织造成困难。工艺过程发生事故、故障后能否及时有效地组织处理，使事故、故障对产品质量的影响降到最低，显得十分必要。

6.4.1 电解液 pH 值波动

当 pH 值较低时，氢优先于镍在阴极上析出；当 pH 值较高时，会产生 $Ni(OH)_2$ 沉淀，因而得不到致密的阴极镍。生产中阴极液的 pH 值一般控制在 4.9~5.1 之间。

预防措施：加强溶液净化岗位的操作，确保生产过程平稳，生产过程控制在技术条件范围内。

6.4.2 气孔的产生及排除

在镍电解过程中，阴极析出的氢气形成的气泡产生空穴（气孔），如果不及时排除这些气泡，那么电镍的气孔将会越来越严重，最终影响电镍质量。造成气泡滞留在阴极表面而不能逸出的因素有以下几个方面。一是由于电解液中混有某些有机物（如煤油、脂肪酸、P_2O_5 等）。

使得阴极表面呈憎水性，以致气泡牢固地滞留在阴极表面。二是溶液的 pH 值对气孔也有一定影响。

预防消除气孔形成的措施有：提高电解液的温度，可减少溶液的黏度，增加离子的扩散，有利于气泡从阴极表面逸出。

严格控制电解液的循环速度，改变进液方式。增大循环速度不仅能防止阴极镍离子的贫化，同时也增加了溶液的流动，起到了搅拌作用，有利于气泡脱离阴极表面，避免了气孔的产生。

控制电解液中有机物的含量。

添加剂的应用：电解液中加入适量的表面活性添加剂如硼酸，可以消除有机物的危害，防止和减少气孔的生长。

6.4.3 疙瘩的产生及消除

阴极上形成的固体结粒有以下几类：

（1）外来固体颗粒附着在阴极表面，经过电解沉积形成的疙瘩。这是由于操作不认真致使阳极泥等落入阴极室，或新液过滤跑浑使溶液夹带渣，这些固体浮游离子附在阴极表面上，经过电解覆盖上一层镍后形成疙瘩。

（2）电流密度局部过高而引起的疙瘩。这是由于始极片尺寸大小不合格或由于阴阳极未对正，使得边部电力线过于集中，点镍边部形成唇边形结粒。

消除各种疙瘩的办法有：

（1）严格操作，阳极与阴极力求对正，极距要求均匀，接触点要求干净，出装槽时要防止阳极泥、结晶物等固体颗粒掉入阴极室内。

（2）新液严禁跑浑。

（3）选择适宜的电解技术条件及阴极尺寸。

（4）严格技术条件操作，提板检查时发现结粒应及时处理。

6.4.4 电镍分层的产生及预防

成品电镍有时会发现其断面不成整体，新沉积的镍与始极片之间，或新沉积的镍之间分层，有的夹层中还夹有电解液，严重时沉积物还会出现爆裂和卷曲现象。电镍分层的原因有：

（1）始极片下槽前未处理干净，仍留有渣、灰尘或覆盖一层氧化膜，致使新沉积的镍不能与始极片很好地黏合而产生分层。

（2）电解过程中，由于电流提升过急或下调过大，在不同电流条件下镍层的内应力不同，因而不同电流条件下析出的镍分层。

（3）电解过程中，阳极表面被污染，或由于供液条件改变使得局部 pH 值过高，因此在阴极上产生氢氧化物，或由于杂质的影响产生了局部爆皮，也将导致夹层产生。

（4）当溶液中的有机物浓度高，或金属杂质铁、锌高，或析氢严重，使得沉积物内应力增大而爆裂弯曲。

消除电镍分层的办法有：

（1）始极片下槽前，必须用酸洗或者电腐蚀法处理，以去掉表面的氧化膜、脏物等。

（2）电流变化幅度不宜太大。

（3）稳定新液 pH 值，杜绝析氢和 $Ni(OH)_2$ 的产生。

6.4.5 其他工艺故障的形成及预防

6.4.5.1 烧板

在镍电解槽中，阴极和阳极交替并列排放，若某个阴极接触不良，导电不好，在阳极高的电势的拉动下，该阴极的极性变为阳极，与相邻阳极成等势体，电位显著上升，导致镍板反溶，俗称“烧板”。此种情形的表现为电镍的底部变成圆角，电镍边部发黑，边部出现开裂。阳极接触不良的表现为与其相邻的电镍中央部位出现阳极外轮廓状的黑色痕迹。

消除办法是阴阳极导电棒每次必须用新棒；出装槽时擦拭各接触点；班中定时打火检查，从而保证导电良好，杜绝烧板现象的发生。

6.4.5.2 氢氧化镍的形成

$Ni(OH)_2$ 板出现的条件是各接触点导电良好，但由于长时间间断循环、阴极区 Ni^{2+} 浓度贫化，阴极过程变为镍与氢共析出的过程。由于氢气的析出，使阴极区 pH 值升高，从而促成了 $Ni(OH)_2$ 的形成，$Ni(OH)_2$ 吸附在阴极表面不仅破坏了其化学成分，同时物理结构也变差，表观质量也受影响。表现为浸泡在阴极室的电镍溶液上下翻动，且溶液变为浅绿色。提出板子后点镍两侧有浅绿色粗糙结晶物存在。

预防措施为定期检查各隔膜袋进液情况，保证循环畅通，流量稳定。

6.4.5.3 海绵镍

海绵镍的产生是由于隔膜袋破损后阳极液进入阴极室所致，当阳极液进入阴极区后，阴极过程变为镍与其他杂质离子共沉淀的过程，因此产生灰黑色疏松状阴极沉积物，其中以镍为主体。

预防措施为出现坏袋子立即更换，尤其在出装槽作业结束后，待有一定的液面差后方可离开。班中应随时巡检，对无液面差的袋子应作为更换处理。

6.4.5.4 反析铜

反析铜形成的条件为：电镍处在 Cu^{2+} 浓度相对高的液相中；阴极断电或接触不良，两个条件缺一不可。其实质是负电性的镍将铜离子从溶液中置换出来。置换出的铜附着在电镍表面。此种情况只有再长时间停电断循环的条件下形成，避免这种严重质量事故的措施还得从动力能源部门抓起。当然强化岗位操作也尤为重要。

6.4.5.5 电解液的位差

电解液的位差事指隔膜袋内阴极液面与隔膜袋外阳极液面高度之差。与值为正。利用液面差产生的静压力使溶液由阴极室内向阳极室渗透，以阻止阳极液的反渗透而污染阴极液，造成产品质量不合格。一般控制位差为 30 ~ 50mm，当阴阳无液位差时，检查隔膜袋并将破坏袋子进行更换。液位差较低时，适当加大循环量。

复 习 题

6-1 填空题

（1）电解槽绞铜线的目的是（　　），打铜线的目的是（　　）。
答：阳极对正；防止铜线溶断

（2）高锍阳极板中，含量最高的元素是（　　），其次为（　　）。
答：镍；硫

（3）镍电解槽的槽与槽之间是（　　）联，同一电解槽内阳极棒之间是（　　）联。
答：串；并

（4）阳极泥掉入隔膜袋内会造成电镍长（　　），所以出装操作时，阴极室要盖（　　）。
答：疙瘩；盖子

（5）阳极周期内刮阳极泥作业是为了提高（　　），降低（　　），从而节省电能消耗。
答：电流效率；槽电压

（6）平板作业是为了防止阴阳极（　　），避免（　　）的形成。
答：短路；弯板

6-2 选择题

（1）下列哪种情况不属于阳极板缺陷（　　）。
A. Cu、S 偏高　　B. 表面不平、薄厚不均　　C. 内部有空心夹层　　D. 含镍大于 66%
答：D

（2）在一个阳极周期内，槽电压整体变化趋势为（　　）。
A. 上升趋势　　B. 平稳趋势　　C. 下降趋势　　D. 无规则变化
答：A

6-3 判断题

（1）倒换槽头槽尾镍板是为了预防镍板长边部结粒。（　　）
答：√

（2）电解槽掏槽周期一般为 4 ~ 6 个月。（　　）
答：√

（3）阳极板耳部铜线预埋的越高越好，可防止其浸入阳极液中。（　　）
答：×

（4）镍电解生产过程中，生产槽电流为交流电。（　　）
答：×

（5）阴阳极摆正对齐只是为了防止电镍出现唇边或边部结粒。（　　）
答：×

（6）阳极出槽时，为防止阳极液流入袋内，必须进行控吊操作。（　　）

答：√

（7）硫化镍可溶阳极电解一般采用隔膜电解生产工艺。（　　）

答：√

（8）槽面作业时，为防止阳极泥掉入袋内，隔膜袋口需盖隔膜盖。（　　）

答：√

（9）硫化镍阳极的阳极泥率远高于粗镍阳极的阳极泥率。（　　）

答：√

（10）砸残极的目的是使其破碎及回收铜线，便于熔铸进一步生产。（　　）

答：√

（11）一个阳极周期内只出一批电镍。（　　）

答：×

（12）电解新液温度越高越有利于生产。（　　）

答：×

6－4　简述题

（1）电解过程中，阴阳极为什么要对正？否则对电镍质量有何影响？

答：

如果阴阳极不对正，电力线在阴极板上的分布就不均匀，产出的电镍会出现一边薄一边厚的情况，甚至会出现薄边、唇边、边部结粒等质量缺陷。

（2）电解出装作业过程中为什么要横电？怎样横电？

答：

由于电解槽之间是串联关系，出装作业时槽子横电的目的就是使电流从出装槽的母线上通过，与未出装的槽子形成通路，否则造成断路，电流复零，严重影响生产的正常进行。

横电方法：擦拭干净横电板接触面并对正，采用横电扳手将电解槽两头横电板拧紧，用铁制品检查横电板吸力。

（3）在镍电解生产中，为什么要控制阴阳极的极间距？

答：

极间距过大时，槽子利用率低，造成电解槽空间浪费，并影响电解的电流效率；极间距过小，则不利于出装操作，阴阳极易形成短路，因此极间距应控制在技术条件范围之内。

（4）掏槽后溶液要循环多长时间才能通电生产？为什么？

答：

掏槽灌液后溶液要循环 24h 以上方可通电生产，否则，槽内电解液温度达不到电解技术要求，电解时镍板会出现爆皮等质量缺陷，影响电镍质量。同时，掏槽后新下的隔膜袋内杂物较多，保证循环时间有利于杂质的沉淀，避免杂质吸附到电镍表面形成疙瘩。

（5）生产槽为什么要定期掏槽？

答：

阳极出槽及电解过程中，阳极泥和残极有时会掉入槽内，槽体有效容积逐渐变小，槽底沉积物顶到隔膜袋底部，易造成黏板，影响电镍外观质量；同时，槽内电阻增大，槽电压升高，电耗上升，影响电镍生产成本。

（6）为什么同极上两块阳极板的间距不能过大？

答：

如果两块阳极间隙过大，阳极板面两边的面积变大，而所对应的阴极面积不变，易造成电镍边部电力线过度集中，出现唇边现象。

（7）阳极板的铜线为什么不能绞得太高？

答：

阳极铜线绞得太高，对应的阴极底部的电力线就会薄弱，产出的电镍底部偏薄；同时，高出阳极液面的阳极板不能溶解，残极率升高，造成物料周转量和熔铸生产成本增加。

（8）24h 产的始极片下槽后，为什么在第二天要进行平板处理？

答：

在电解过程中，始极片各处所受的内应力不一样，24h 产的始极片比较薄，在内应力作用下易弯曲变形，为了保证镍板的外观质量，第二天必须进行平板，到第三天以后，镍板变厚，基本不再弯曲变形。

（9）刮泥子或甩残极等阳极出槽作业时，阴极袋口为什么要盖盖子？

答：

如果不盖盖子，阳极泥、阳极液等杂质会掉入阴极室，污染阴极液，镍板表面容易长疙瘩，影响电镍质量。

（10）电解槽单头横电出装作业会出现什么后果？

答：

电解槽单头横电，电流在母线上通过不均匀，出装时易导致放炮断电事故，所以出装操作时一定要双头横电，而且横电后一定要认真检查，确保双头横电有效。

（11）镍电解生产中，为什么要定期刮阳极泥？

答：

硫化镍阳极在溶解过程中，表面覆盖了一层厚厚的阳极泥，使槽电压迅速升高，电耗上升，严重时会导致阳极冒烟，因此要定期刮阳极泥。

（12）在擦洗导电母线时，为什么要用清水，不能用酸水？

答：

利用清水擦拭后可以保证阴阳极接触点导电良好，减少烧板、弯板等缺陷板的产生，预防电解槽冒烟现象的发生，同时，可减轻对导电母线的腐蚀，延长其使用寿命；若用酸水擦拭导电母线，酸对铜母线有一定的腐蚀性，同时，使用后的酸水进入电解体系中，溶液酸度增大，不利于净化的生产过程控制。

（13）生产槽残极率是否越低越好？为什么？

答：

不是，生产中一般将残极率控制在23%左右。因残极率太低，则末期槽电压上升幅度大，电耗相应增加，电解槽冒烟、下饺子的几率增加，同时，残极太枯时阳极泥和残极块易掉入电解槽，会缩短掏槽周期。

6－5 论述题

（1）镍电解生产中如何提高生产槽单槽产能？

答：

1）在技术条件允许的情况下进行高电流生产。

2）减少出装作业的横电时间。

3）保证新液镍离子浓度和循环量。

4）保证阴、阳极导电良好。

5）及时调整出装和掏槽计划，保证电解槽槽况良好。

（2）试述阳极冒烟的原因及处理措施。

答：

阳极冒烟是由阳极钝化所致，当阳极板含铁偏高或溶液体系氯根偏低时均有可能导致阳极钝化现象的发生。具体表现为槽电压瞬间升高，槽面浓烟升起，若横电不及时，会造成阴极断耳现象，俗称“下饺子”，严重时会造成电流复零。

阳极冒烟的处理：发现阳极冒烟后要及时横电，并将阳极板出槽，在完成刮泥子作业后倒入造液槽使用，电解槽下入新阳极继续电解。

（3）镍电解生产中阳极冒烟是由哪些因素引起的？生产中如何消除这种现象？

答：

引起阳极冒烟的因素：

1）阳极液的总离子浓度偏大。

2）阳极板含铁较高，阳极发生钝化现象。

3）阴极液氯根偏低。

4）高锍阳极板存在加渣、气孔等质量问题。

5）阳极泥过厚，槽电压迅速升高。

6）横电槽数多，槽电压较高。

7）电流提升幅度大。

消除方法：

1）严格控制溶液总离子浓度。

2）保证阳极板质量和阴极液成分合格。

3）合理安排阳极出槽计划。

4）定期刮阳极泥。

5）加强电解槽面生产管理。

（4）烧板是如何产生的？如何预防和减少烧板的产生？

答：

产生原因：在镍电解槽中，阴极和阳极交替并列排放，每个阴极都处在两个阳极中间，若某个阴极接触不良，导电不好，在阳极高电势的拉动下，该阴极的极性将变为阳极，与相邻阳极成等势体，电位显著上升，导致镍板反溶，产生“烧板”。此种情形的表现为电镍的电镍边部发黑，底角变成圆角，并出现开裂。阳极接触不良的表现为与其相邻的电镍中央部位出现阳极板外轮廓状的黑色痕迹。

消除办法：

1）出装及平板作业后将阴阳极接触点擦拭干净。

2）班中定时打火检查，从而保证阴、阳极导电良好，预防烧板现象发生。

（5）镍电解使用的高锍阳极板主要有哪些质量缺陷？

答：

化学成分中含镍量不足或含铜、铁、硫偏高；存在物理表面不平、弯板、飞边毛刺、薄厚不均等；阳极板内部有加渣、空夹层；阳极耳子铜线氧化严重或预埋不牢固、插偏等。

（6）试述电镍产生气孔的原因及预防措施。

答：

气孔产生原因：

1）阴极液的有机物浓度偏高。

2）阴极液的 pH 值偏低。

3）阴极液的镍离子浓度偏低。

4）始极片表面的油污未处理干净。

5）阴极液温度偏低。

预防措施：

1）严格控制阴极液的有机物含量、pH 值和镍离子浓度，确保达到技术条件要求。

2）始极片下槽前要用盐酸处理干净其表面的有机成分，并用进行清水冲洗。

3）提高电解液的温度，减少溶液的黏度，增加离子的扩散，使气泡从阴极表面逸出。

4）保证电解液的循环速度，防止隔膜袋内镍离子的贫化。

（7）试述疙瘩产生的原因及预防措施。

答：

疙瘩产生的原因：

1）出装操作时阳极泥、阳极液等进入阴极室，污染了阴极液。

2）新液跑浑使阴极液夹带渣，这些固体浮游粒子附在阴极表面上。

3）由于阴极液 pH 值偏高等原因，在阴极室内局部生成的碱式盐或金属氧化物的游离颗粒黏附在阴极表面，使得阴极沉积物不均匀地形成疙瘩。

4）电流密度局部过高而引起的疙瘩。

5）阳极液淹没袋子或阳极液开锅溅入阴极室。

预防措施：

1）加强操作，出、装槽时要防止阳极泥、结晶等固体颗粒掉入阴极室内。

2）控制好净化工序技术条件，防止新液跑浑，严禁跑浑液进入到阴极室。

3）控制好生产电流。

4）加强槽面精细化操作，防止阳极液淹没袋子、阳极液开锅溅入阴极室等现象的发生。

（8）撤电前要进行哪些槽面检查工作?

答：

1）隔膜袋内阴极液是否灌满。

2）阴极液面和隔膜袋口的悬浮物、阳极泥是否清理干净。

3）坏袋子是否更换干净。

4）开产或掏槽后撤电还要检测电解槽出口溶液温度是否达到要求。

（9）对电解槽装槽质量有何要求?

答：

1）电解槽装槽时要求将隔膜架固定在同一水平面上。

2）垫隔膜袋的压杆高度要合乎要求，靠近循环管一侧的压杆比另一侧高出 1 ~ 2cm。

（10）新隔膜袋使用前为何要进行烫洗处理?

答：

1）没经过烫洗处理的新隔膜袋投入使用后对电镍质量影响较大，普遍存在隔膜袋保不住液面、镍板长气孔等问题。

2）新隔膜袋致密性较差，烫洗处理即可得到改善。

3）新隔膜袋在加工制作过程中难免会被有机物等杂质污染，通过烫洗可以得到有效处理。

（11）阴阳极出装结束后为什么不能立即撤电？

答：

1）受横电、断循环、阴阳极下槽等因素影响，出装作业刚完成时槽内溶液温度较低，对电解不利。

2）新隔膜袋的液位没有完全恢复。

3）阴极液内的悬浮物还没有得到有效的沉淀或排出。

6－6　案例分析

（1）某电解槽撤电若干个小时后，多个阴极耳子出现冒火现象，试分析该现象产生的原因及解决措施。

答：

产生的原因：

1）阴极耳子与铜棒的接触点没有擦干净。

2）阴极棒太脏或老化。

预防措施：

1）用清水重新擦拭，必要时横电处理。

2）提高晃棒质量，对于老化的铜棒及时予以更换。

（2）电镍烫洗时洗板槽或钢丝绳上的油污会污染到镍板，实际生产中有哪些预防措施？

答：

1）定期巡检平台吊车运行情况，发现设备漏油要及时处理。

2）平台吊车卷扬葫芦中的油位不宜过高，加注润滑油后将葫芦体擦拭干净。

3）使用新钢丝绳前要将绳子表面的油污擦干净。

4）洗板槽水面有油污时要将水放掉，洗净洗板槽后再放入新水加热烫洗。

（3）某槽电镍出槽后发现槽头和槽尾的两块镍板存在唇边现象，根据现场经验，试分析该缺陷产生的原因及预防措施。

答：

产生的原因：

1）电镍边部的电力线过于集中，可能是因为始极片规格偏小、同极两阳极板间隙过大或阴阳极没有摆齐对正。

2）槽头和槽尾的镍板未倒换。

预防措施：

1）同槽始极片包括更换的始极片要规格相同；调整好阳极板间隙。

2）阴阳极要有摆齐对正。

3）周期内第三天将槽头和槽尾的两块镍板拎出，与槽内其他镍板倒换，防止槽头槽尾电力线密集而造成唇边问题。

（4）实际生产中烧板的预防和控制措施有哪些？

答：

1）勤打火，检查阴阳极导电情况，出现不导电或导电不良时要及时处理接触点，并拎出镍板检查，发现烧板要及时更换。

2）更换的始极片要用盐酸处理干净。

3）禁止将烧板留在槽内继续电解。

（5）为防止镍板二次污染，电镍在烫洗前后该如何防护？

答：

1）电镍烫洗前用干净的废始极片三面包裹，防止钢丝绳勒痕或油污对镍板造成污染。

2）检测电镍翻板时要戴干净的手套。

3）冬季电解厂房雾气大，房顶滴水，烫洗后的镍板用干净的废镍皮盖护，及时入库。

4）雨雪天拉运电镍时要用篷布遮盖。

（6）电镍烫洗后发现板面颜色发黄，有较多水印，试分析其成因。

答：

1）板面颜色发黄说明烫洗电镍的水不干净，需要更换。

2）板面附有水印，说明烫洗电镍的水温偏低，达不到技术要求。

3）电镍烫洗后耳部夹带的水流到板面对镍板造成二次污染。

（7）某槽阳极期末甩残极时，称得的残极质量明显高于同周期的其他电解槽残极质量，试分析其成因。

答：

1）阳极板铜线绞得偏高。

2）阳极板薄厚不均。

3）阳极板出现轻微钝化现象。

4）因回液流安装等问题造成的阳极液面偏低。

（8）实际生产中疙瘩板的预防和控制措施有哪些？

答：

1）始极片下槽时要检查板面，不要将有疙瘩的始极片下到槽内电解。

2）阳极出装作业时要控好吊，阴极室要盖好，防止阳极泥或阳极液进到隔膜袋内。

3）始极片大小要与阳极板相匹配，电解时要对齐摆正。

4）防止跑浑的新液进到隔膜袋内。

5）防止开锅的阳极液溅到阴极室内。

（9）某槽电镍出槽后发现镍板耳部附着大量紫红色蘑菇云片，试分析其成因并提出预防措施。

答：

产生的原因：隔膜袋内阴极液面有阳极泥等杂物漂浮。

预防措施：

1）调整隔膜架阴极压杆高度，靠近循环眼的一侧比另一侧高出 1 ~2cm。

2）出装作业时阴极室要盖好盖子。

3）槽面作业完成后要将阴极室内的漂浮物清理干净。

（10）某槽电镍出槽后发现整槽镍板存在唇边现象，根据现场经验，试分析该缺陷产生的原因及预防措施。

答：

产生的原因：

1）始极片规格偏小或同极两阳极板间隙过大。

2）阴阳极没有对正。

预防措施：

1）同槽始极片包括更换的始极片要规格相同，与阳极板匹配；调整好阳极板间隙。

2）提高打铜线作业质量，阴阳极摆正对齐，保证电力线均匀。

6 -7　事故处理题

（1）某电解槽阳极液“开锅”，检测回液流温度为 90℃，试分析槽子开锅的原因及预防措施。

答：

原因分析：

1）阳极周期过长，末期槽电压偏高。

2）槽底沉积物太多，槽内电阻增大。

预防措施：

1）根据生产电流及时调整阳极出装计划，阳极末期残极不能太枯。

2）根据槽况，及时组织掏槽工作。

3）待阴极贮罐和电解槽阴极室内的溶液沉淀 30min 后再陆续恢复生产。

（2）某电解槽阴阳极液位正常，新液和始极片质量合格，阴极室无阳极泥、阳极液掉入，但次日平板时发现镍板表面有许多毛刺和疙瘩，试分析其成因并提出解决措施。

答：

产生的原因：盐酸槽盐酸使用时间过长或被污染。

解决措施：

1）更换盐酸。

2）禁止酸槽内处理废品或乱扔杂物。

3）酸槽使用完后及时盖上防护盖。

（3）某电解槽有阴极棒突然发红变形，试分析其成因并提出解决措施。

答：

产生的原因：阴阳极棒连电或阴极棒与阳极母线连接。

解决措施：

1）更换阴极棒。

2）擦干净接触点。

3）将阴极摆到正确位置。

（4）某电解槽突然发生阳极冒烟现象，该如何处理？

答：

1）及时横电。

2）将阳极出槽，倒入造液槽使用。

3）阳极因耳子烧断掉到槽里的，用夹子将断块捞出。

4）将新阳极或刮完泥子的阳极下槽。

5）撤电，打火检查阴阳极导电情况。

（5）某电解槽产出的电镍普遍出现底边薄、底部颜色发黄和黏袋现象，试分析其成因并提出解决措施。

答：

产生的原因：电解槽底部阳极泥堆积过多，槽子掏槽周期过长。

解决措施：

1）立即组织掏槽。

2）所产电镍先用盐酸处理后用清水冲洗。

3）按电镍烫洗程序处理进行烫洗作业。

（6）在电解过程中，某电解槽阳极液面不断上升，阴阳极液面差不断变小，请分析该故障发生的原因，并写出排除故障的措施。

答：

1）原因分析：阳极液回液流管道堵塞，排液不畅。

2）故障排除：该故障一般由电解槽槽底阳极泥沉积过多造成，生产中采取的临时应急措施是拨开回液管底部的阳极泥，用胶管对回液管进行疏通，必要时可采用胶管抽液的方式控制阳极室液面。彻底解决该故障的办法是阳极到期后安排掏槽。

（7）在电解过程中，某电解槽阳极液面不断下降，阴阳极液面差不断变大，请分析该故障发生的原因，并写出排除故障的措施。

答：

1）原因分析：电解槽槽底塞子漏液或电解槽槽体漏液。

2）故障排除：到楼下检查对应电解槽的槽体及塞子，若是塞子处漏液，需在槽内塞子周围填土处理，并紧固塞子；若是槽体漏液，需停槽修补，漏液严重的需更换电解槽。

（8）某电解槽阳极冒烟，由于横电不及时，出现横不住电的情况，请提出应急解决办法。
答：
1）使用横电棒进行横电。
2）汇报中控室降低电流负荷。
3）横电棒横电起作用后抓紧进行两头母线横电。

（9）由于原料紧缺，熔铸加工的阳极板出保温坑后就运到电解厂房下槽使用，结果进槽后的部分阳极板断裂到槽内，镍电解生产组织带来困难。试分析阳极板断裂原因，遇到类似情况，将如何处理？
答：
产生的原因：阳极板在保温坑的48h只是完成了晶型的转变，还需要24h进行缓冷，如果直接下槽使用，会因与阳极液的温差而出现断裂问题。
处理措施：
1）尽可能保证阳极板的缓冷时间。
2）如果阳极板温度太高，可延迟其下槽时间。

6-8　综合分析题

（1）分析电镍产生气孔的原因及预防措施。
答：
气孔产生的原因：
1）阴极液的有机物浓度偏高。
2）阴极液的pH值偏低。
3）阴极液的镍离子浓度偏低。
4）始极片表面的油污未处理干净。
5）阴极液温度偏低。
预防措施：
1）严格控制阴极液的有机物含量、pH值和镍离子浓度，确保达到技术条件要求。
2）始极片下槽前要用盐酸处理干净其表面的有机成分，并用进行清水冲洗。
3）提高电解液的温度，减少溶液的黏度，增加离子的扩散，使气泡从阴极表面逸出。
4）保证电解液的循环速度，防止隔膜袋内镍离子的贫化。

（2）分析镍电解生产中引起阳极冒烟的因素，生产中如何消除这种现象？
答：
引起阳极冒烟的因素：
1）阳极液的总离子浓度偏大。
2）阳极板含铁较高，阳极发生钝化现象。
3）阴极液氯根偏低。
4）高铳阳极板存在加渣、气孔等质量问题。

5）阳极泥过厚，槽电压迅速升高。

6）横电槽数多，槽电压较高。

7）电流提升幅度大。

消除方法：

1）严格控制溶液总离子浓度。

2）保证阳极板质量和阴极液成分合格。

3）合理安排阳极出槽计划。

4）定期刮阳极泥。

5）加强电解槽面生产管理。

（3）依据出装作业的程序，分析出装作业时各工序质量不过关对生产及电镍质量会产生哪些不利影响。

答：

1）出装处理始极片时，如果处理不净下入电解槽内使电镍易产生夹层、疙瘩。

2）出装作业时不盖槽盖子易使阳极液、阳极泥掉入隔膜袋内，使电镍板面长疙瘩。

3）阳极板刮阳极泥时刮不干净会造成槽电压升高。

4）阴阳极铜棒及导电母线接触点擦不干净也会造成槽电压升高，电耗增加，易产生烧板和阳极不导电造成不溶解现象。

5）刮阳极泥后，铜线如果不回位，换新阳极时阴阳极没有平行对正，都会造成电镍出现弯板和边部结粒严重以及薄厚不均现象。

7 镍电解精炼溶液循环

7.1 镍电解精炼溶液循环工艺流程

镍电解溶液循环过程就是电解和造液的混合阳极液经净化工序除杂后再返回到电解的过程。具体地讲，镍电解溶液的循环分电解区循环、造液区循环、净化区循环和三个区域间的相互循环。

电解区溶液循环是指净化送来的阴极液从阴极液贮槽泵至高位槽后，由高位槽按一定流量自流到电解槽内，电解槽产出的阳极液汇集到中间槽后泵至阳极液贮槽，再从阳极液贮槽泵至净化工序。

造液区溶液循环是指车间阳极泥洗液、铁渣滤液、铜渣浸出滤液、含镍废水和外车间含镍溶液按技术要求在调酸槽进行配比后泵至高酸高位槽，高位槽溶液按一定流量自流到高酸造液槽内，造液槽流出的溶液汇集到中间槽后泵至低酸高位槽，再由低酸高位槽自流到低酸造液槽，从低酸槽出来的低酸混合液送到净化工序，与阳极液混合后进行净化除铁。当造液低酸出口指标满足不了技术要求时，可使用多级造液形式，其溶液循环与高低酸造液槽之间的循环方式相同。

净化区溶液循环是指混合阳极液除铁—过滤—除铜—过滤—除钴—过滤的过程，产出的除钴后液泵至电解工序，作为阴极液使用。

三个区域间的相互循环是指电解区域和造液区域产出的混合阳极液输送到净化区域，经净化除杂后再返到电解工序；净化区域产出的铁、铜、钴渣滤液和电解区域产出的阳极泥洗液、含镍废水输送到造液工序，经脱铜、降酸处理后再返到净化工序深度除杂。

7.2 镍电解精炼溶液循环基本原理

本章节所讲的镍电解精炼溶液循环主要是指电解槽内阴极液的循环，主要原理：在直流电的作用下，随着镍离子在阴极上的不断析出，隔膜袋内的镍离子随之贫化，当浓度下降到50g/L以下时，阴极板面会有碱式盐生成，电镍的纯度和质量将会发生改变，所以，镍离子在阴极板面析出的同时，要按一定比例不断补充隔膜袋内的镍离子。在实际生产中新液的补充是通过循环管分流补给每个隔膜袋的，流量为380～400mL/(h·袋)，流量的大小可以根据新液镍离子浓度的高低来调整。看循环作业主要包括：检查、疏通循环眼，保证新液连续均匀地流入隔膜袋内。

电解液循环工艺流程图如图7－1所示。

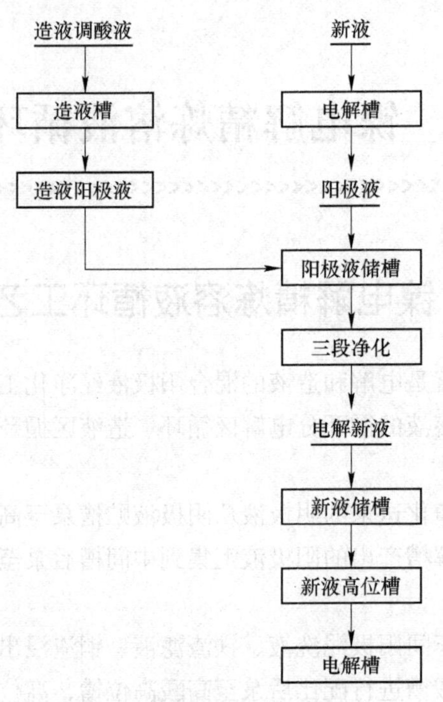

图 7－1　电解液循环工艺流程

电解技术参数见表 7－1。

表 7－1　电解技术参数

序　号	项　目	单　位	监控参数范围
1	电流强度（正常生产）	A	10000～14000
2	槽电压	V	3.0～8.0
3	新液温度	℃	65～75
4	新液循环量	m^3/(h · 槽)	0.85～0.90

硫化镍阳极电解槽的技术性能见表 7－2。

表 7－2　硫化镍阳极电解槽的技术性能

项　目	参　数	项　目	参　数
电解槽长度/mm	7340	每槽阳极片数	(39～41)×2
宽度/mm	1150	每槽阴极片数	38～40
深度/mm	1480	同极中心距	180～190
电解槽材质	钢筋混凝土衬环氧树脂	新液循环速度/mL ·（袋 · min）$^{-1}$	380～420
种板尺寸/mm×mm×mm	1050×920×3	新液 pH 值	4.5～5.0
阳极（长×宽×厚）/mm×mm×mm	860×370×(50～55)	新液温度/℃	65～70
阴极片（长×宽×厚）/mm×mm	880×860		

电解新液成分见表7-3。

表7-3　电解新液成分　(g/L)

成　分	Ni^{2+}	Na^{+}	Cl^{-}	SO_4^{2-}	H_3BO_3	有机物
含　量	65~75	30~40	65~75	90~110	6~8	<0.6

7.3　镍电解精炼溶液循环主要设备

溶液循环主要包括以下设备：电解槽、隔膜架、母线。

7.3.1　电解槽

硫化镍阳极电解主要设备为电解槽。电解槽壳体为钢筋混凝土制成，内衬防腐材料。我国曾经采用过的防腐衬里有：衬生漆麻布、耐酸瓷板、软聚氯乙烯塑料板、环氧树脂等，生漆麻布衬里的防腐效果较好，但漆膜需要的干燥时间较长、生漆的毒性又较大，现在已较少采用。软聚氯乙烯塑料板衬里的防腐效果也较好，但由于衬里面积大，焊缝质量不易保证。目前采用较多的是环氧树脂，用它作衬里强度高，整体效果好，防腐性能良好。其施工方法为手工贴衬。防腐蚀效果主要取决于配方的选择、基层表面处理，环氧树脂布排列和树脂渗透程度，热处理条件是否合理等。金川公司施工的电解槽环氧树脂内衬，辅贴环氧树脂5~7层，使用寿命长达10年。如图7-2所示，在其底部的防腐衬里之上，砌上一层耐酸砖以保护槽底免受腐蚀。槽底设有一个放出口，用于排阳极泥。电解槽安装在钢筋混凝土横梁上，槽底四角垫以绝缘板。

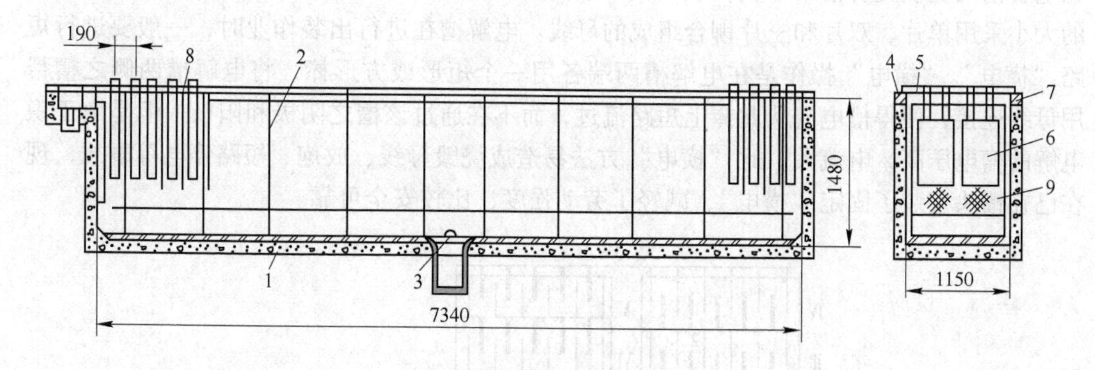

图7-2　隔膜电解槽示意图

1—槽体；2—隔膜架；3—塞子；4—绝缘瓷板；5—阳极棒；6—阳极；7—导电棒；8—阴极；9—隔膜袋

近年来，由于乙烯基树脂整体电解槽具有优良的耐腐蚀性能、抗渗透性能、绝缘性能，其逐渐成为我国冶金行业电解槽设备应用趋势。根据国外企业应用经验，该类型电解槽可完全解决钢筋混凝土加玻璃钢内衬电解槽使用中存在的问题，同时还能有效减少电能泄漏及损耗。乙烯基树脂整体电解槽于20世纪80年代末在美国开发成功，首先应用于电解铜工艺，随后推广到锌、镍、锰、钴等其他金属的湿法冶炼工艺中。目前这种电解槽已被全球20多个国家70多家企业采用，具有使用寿命20年以上的应用实例。该电解槽制造材料是由耐腐蚀性能优异的乙烯基树脂和高纯度耐酸石英砂骨料及其他助剂混配而成的树脂混凝土，采用整体浇铸一次成型工艺，不用二次粘贴内衬材料层，这样保证了电解槽既有高的力学强度，又有优良的耐腐蚀性能和抗渗透性能，从根本上解决了内衬型电解槽的技术缺陷。

实际应用结果表明，乙烯基树脂整体电解槽在尺寸形变、耐腐蚀性能、绝缘性能等方面都比钢筋混凝土内衬玻璃钢电解槽表现出了明显的优势，是一种更为先进的电解设备；更为重要的是，该电解槽可明显降低直流电耗，无维修停车损失，具有非常可观的经济效益。

7.3.2　隔膜架

镍电解精炼使用的隔膜是由具有一定透水性能的涤棉制成的隔膜袋，套在形状为长方形、上方开口的隔膜架上，以便放入阴极和盛装净化后的电解液。隔膜固定在隔膜架上，以往隔膜架都采用木材制作，使用寿命仅3个月。现在都采用圆钢作骨架，外包环氧树脂或橡胶作防腐层的组转式隔膜架。

7.3.3　母线

镍电解车间直流电路连接方式一般采用复联法即每个电解槽内的全部阳极并列相连，全部阴极也并列相连，而槽与槽之间则为串联连接，即所有电解槽都是串联在直流供电线线路内，如图7－3所示。电解槽的电流强度等于通过槽内各同名电极电流的总和，即所谓槽电流，而槽电压等于槽内任何一对阴阳极之间的电压降。为了向槽内阴、阳极供电，在电解槽两侧设置有槽帮母线，该母线一般是用100mm×10mm的铜板制成，根据总电流的大小采用单片、双片和三片铆合组成的母线。电解槽在进行出装作业时，一般要进行短路“横电”。“横电”操作是在电解槽两端各用一个矩形或方形棒，将电解槽两侧之槽帮用母线连接，使得槽电流从此棒上短路流过，而不在通过该槽之阴极和阳极，但是由于镍电解的槽电压高，电流大，此“横电”方法易造成烧毁母线、放炮、短路停电等事故，现在已在槽头安装了固定“横电”，减轻了劳动强度，比较安全可靠。

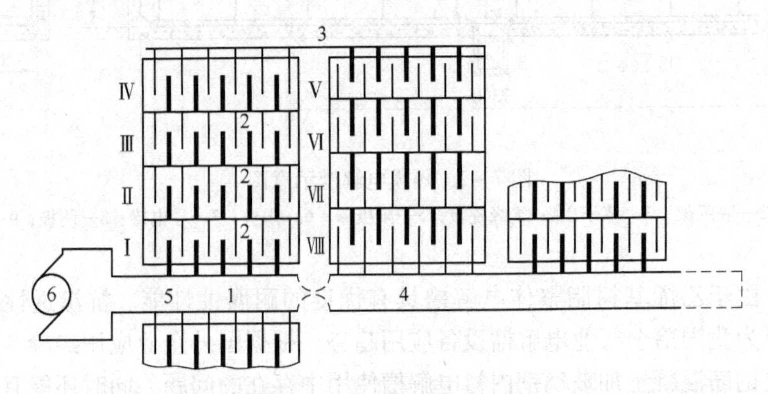

图7－3　电流排布示意图

1—阳极导电排；2～4—中间导电板；5—阴极导电排；6—硅整流器；Ⅰ～Ⅷ—单个电解槽

7.4 镍电解精炼溶液循环生产操作实践

7.4.1 溶液输送

接班时，要根据上个班交班情况和仪表显示数据了解各槽罐的溶液储存情况，检查泵及管道的使用状况。接班后，要了解净化阳极液需求情况及阴极液供给信息，根据中控室指令调节阴阳极液流量。

班中要监控和调整阴阳极液贮槽的液位，生产波动时，与中控室联系，根据中控室指令进行开停循环作业；溶液跑浑或上液管道内有空气时，要打开放空阀进行处理；同时要做好泵类设备的倒换使用及维护保养工作，管道渗漏时要及时更换。

7.4.2 打火、检查循环

电调工接班后，逐槽打火作业，检查阴阳极导电状况，同时检查循环管新液的畅通情况。

班中打火、看循环的时间间隔以两小时左右为宜，发现循环眼堵塞或流量偏小时，及时疏通处理；发现阴阳极导电不良时，及时擦拭处理。

发现烧板时要及时将烧板拎出，换上处理好的始极片继续电解；出现氢氧化镍板时要将隔膜袋内的溶液抽干净，待新液将隔膜袋灌满后再把处理好的始极片下槽电解，换下的烧板或氢氧化镍板作为次品集中堆放。

定时测槽电压，并做好记录。定时对新液过滤一次，发现新液跑浑时要立即汇报中控室，由中控室根据新液跑浑情况指挥停循环、检查钴陶管或放液等工作。

7.4.3 碳酸钡浆化加入

随着镍产品的不断扩大，含镍矿资源逐步减少，国际化经营战略已开始实施，镍产品的国际市场竞争力逐步增加，原料的复杂性日益升高，给原来的生产工艺带来了挑战与压力，为了提高产品质量，镍湿法冶金行业工艺逐步在完善及改进，只有高品质的溶液才能生产出高质量的最终产品。因此对于高杂质原料的溶液净化新工艺开始不断产生。对于高铅杂质的溶液要进行深度除杂的方法有很多，而且可以除去其他更多的杂质，例如萃取法、离子交换法，氧化水解中和法等，但这些工艺都需要增加很多设备及材料，投入的成本较高，而很少有厂家采用一种工艺方法只对一种杂质进行净化除杂的，这样相对的成本会很高。含铅杂质的原料较多，而碳酸钡除铅工艺却很少有哪个国家的湿法冶金行业在使用，也几乎无成熟资料可以查询借鉴。

镍电解混合酸体系溶液净化采用碳酸钡除铅工艺，从 2000 年以来金川公司就开始研究碳酸钡除铅工艺，经过长期不断的实验、生产摸索逐步完善了该工艺实践应用的成熟性，为适应目前高铅杂质原料的净化生产创造了一个新的除杂工艺方法。随着公司把镍做大做强的战略实施，自产原料已不能满足镍的生产需求，大批量的外购物料进入到镍精炼系统，各种成分的物料也逐渐进入到生产体系，对现有的生产工艺造成了冲击。目前金川公司每天原料进铅从平均 80kg 增加到 150kg，原料进铅量的增加给生产带来了很大的负荷，曾导致生产波动，影响产品质量稳定，碳酸钡除铅工艺的应用在此时起到了很大的作用，为净化工序减轻了很大负荷，缓解了溶液质量波动的现象，进一步保证了最终产品的化学质量。

操作方法：中控室根据原料进铅量确认碳酸钡的加入量，出装工配合吊车将碳酸钡吊到浆化槽旁指定位置。按照中控室指令的加入数量和浆化比例，电调岗位人员将碳酸钡浆化后连续均匀地加入到阳极液中。交班时将碳酸钡包装袋集中堆放到指定位置。

碳酸钡除铅是目前硫化镍可溶阳极隔膜电解工艺中去除杂质铅的必要手段，通过钡盐与铅杂质共沉淀来达到除铅的目的。生产中是根据原料进铅量来确定碳酸钡的加入数量的。

碳酸钡加入前先与水按一定比例进行浆化，然后再加入到阳极液中。为保证除铅效果，在确保碳酸钡加入数量的同时，还要注意加入过程中浆化液下放的连续性和均匀性。

7.5　电调常见故障判断与处理

7.5.1　电解槽新液温度

正确控制镍电解液的温度，是提高电解过程技术经济指标，保证产品质量的重要因素。提高电解液温度可以降低电解液的黏度，减少电耗，加快离子扩散速度，减少电解过程的浓差极化及阴极附近的离子贫化现象，减少氢气和杂质离子在阴极上的析出。

常见故障，温度过高：加大溶液的蒸发量，恶化了劳动条件，而且使溶液浓缩，阴极沉积物变粗；过高的温度增加了能源消耗，增加了成本。温度偏低：溶液流动性变差，黏度增加。阴极表面气泡从阴极表面逸出的几率减少，镍板表面出现气孔的可能性增加。

处理应急预案：生产中一旦发现新液温度出现故障，立即汇报调度室。由调度通知岗位及技术人员再进一步落实后进行处理。处理措施：通过调节加温装置，平衡温度。当控制加温装置效果不明显时，通过调节进入中间槽的溶液流量平衡溶液温度。一定时间内，以上两种措施无效果时，停止新液循环，待新液温度正常时恢复循环。期间必要时，电解槽生产电流降负荷。

协调组织，由车间管理、技术、调度及生产骨干人员组成协调小组。负责对内、对外的联系，人员搭配，时间安排等。

7.5.2　烧板的判断与处理

在镍电解槽中，阴极和阳极交替并列排放，每个阴极都处在两个阳极中间，若某个阴极接触不良，导电不好，在阳极高电势的拉动下，该阴极的极性将变为阳极，与相邻阳极成等势体，电位显著升高，导致镍板反溶，俗称“烧板”。具体表现为电镍边部发黑，边部出现开裂，严重时底角变成圆角。阳极接触不良的表现是与其相邻的电镍中央部位出现阳极板外轮廓状斑迹。

烧板的判断：可以通过阴极棒温度比较或电镍耳子冒火等来判断阴极导电情况，最直接的办法是通过打火来检查，即用打火棍将阴阳极棒瞬时短路，看是否冒火花，如果不冒火花，说明阴阳极中至少有一根棒不导电；如果火花很小，说明导电不良，以上情况都有可能造成烧板。

烧板的处理：对于阴阳极不导电、导电不良或耳子冒火的镍板要拎板检查，已经形成烧板的，要及时更换，尚未形成烧板的，要擦拭干净接触点，并打火检查，保证阴阳极导电良好。

7.5.3 氢氧化镍的判断与处理

氢氧化镍出现的条件是各接触点导电良好且长时间断循环。长时间断循环或新液镍离子浓度较低时循环量偏小，都会造成阴极区镍离子贫化，阴极过程变为镍和氢共析出的过程。由于氢气的析出，阴极区 pH 值升高，从而促成了氢氧化镍的形成。具体表现为隔膜袋内阴极液上下翻动，溶液颜色由绿色逐渐变为浅绿色，最后趋于乳白色；电镍两侧有浅绿色粗结晶存在，板面中间部位有像被刷子刷过的痕迹。

氢氧化镍的处理：形成氢氧化镍缺陷的镍板作为降号品处理，同时，将产生氢氧化镍板的隔膜袋内溶液抽干后灌满，再下入处理好的始极片进行电解。

7.5.4 海绵镍的判断与处理

海绵镍的产生是由于隔膜袋破损后阳极液进入阴极室所致。当阳极液进入阴极区后，阴极过程变为镍与其他杂质离子共沉淀的过程，产出以镍为主的灰黑色疏松状沉积物，俗称“海绵镍”。具体表现为电镍下部出现疏松状灰黑色物质。

海绵镍的处理：形成海绵镍缺陷的镍板作为降号品处理，同时，更换破损的隔膜袋，待新液灌满后下入处理好的始极片进行电解。

7.5.5 反析铜的判断与处理

反析铜形成的条件是长时间停电断循环。长时间短循环后，电镍处在铜离子浓度相对较高的液相中，其间若是阴极断电或接触不良，负电性的镍会将铜离子从溶液中置换出来，置换出的铜附着在电镍表面形成反析铜。

反析铜的处理：形成反析铜缺陷的镍板作为降号品处理，同时，通循环，待新液循环一定时间后，再下入处理好的始极片，将阴极接触点处理好，进行电解。

7.5.6 阳极冒烟的判断与处理

阳极冒烟是由阳极钝化所致，当阳极板含铁偏高或溶液体系氯根偏低时均有可能导致阳极钝化现象的发生。具体表现为槽电压瞬间升高，槽面浓烟升起，若横电不及时，会造成阴极断耳现象，俗称“下饺子”，严重时会造成电流复零。

阳极冒烟的处理：发现阳极冒烟后要及时横电，并将阳极板出槽，在完成刮泥子作业后倒入造液槽使用，电解槽下入新阳极继续电解。

复习题

7-1 填空题

（1）在镍电解过程中，加入木炭粉是利用其（　　）性，除去溶液中的（　　）。

答：吸附性能；有机物

（2）打火作业是为了检查阴阳极导电性，防止（ ）、（ ）等缺陷板的形成，看循环是为了防止（ ）的产生。

答：烧板；弯板；氢氧化镍

（3）电解槽溶液的循环方式为（ ），造液槽溶液的循环方式为（ ）。

答：上进下出；上进上出

（4）电解液中的有机物超过一定值时，可使阴极表面成为（ ），使得阴极板上生成的（ ）难从阴极上分离，造成阴极表面（ ）。

答：疏水性；氢气泡；长气孔

（5）为了避免“气缚”现象的产生，离心泵在开车前，必须预先在（ ）和（ ）内充满液体，运转过程中也不应该使（ ）漏入。为了在停泵时泵内液体不至漏掉，常在吸入导管底部装有（ ）和滤网，滤网是为了防止（ ）进入泵内损坏叶片而设的。

答：泵壳；吸入管道；空气；止逆流底阀；固体杂物

（6）阴阳极液位差的作用主要是防止（ ）的杂质离子扩散到（ ）而污染（ ）。

答：阳极区；阴极区；阴极液

（7）电解液循环的目的之一是（ ），以满足电解沉积对镍离子的需求。

答：不断补充镍离子

（8）新液中有机物不允许超过（ ）g/L。

答：0.7

（9）新液通过隔膜袋自（ ）区渗入（ ）区，最终形成（ ），返回净化工序。

答：阴极；阳极；阳极液

（10）一般情况下，新液 pH 值过低，阴极析（ ）严重，易长（ ），而新液 pH 值过高，则阴极容易形成（ ），影响电镍质量。

答：氢；气孔；氢氧化物

（11）镍离子的浓度太低，将促使阴极（ ）析出，使得阴极区局部 pH 值（ ），形成（ ）沉淀，影响产品质量。

答：氢；上升；碱式盐

（12）隔膜电解过程中，阴阳极液位差一般保持在（ ）mm。

答：30～50

（13）电镍缺陷中反析铜形成的实质是（ ）。

答：镍将铜置换出来

（14）电解镍常见的物理外观缺陷主要有（ ）、（ ）、（ ）、（ ）、（ ）、（ ）、反析铜、海绵镍、多边形、弯板等。

答：气孔；烧板；疙瘩板；氢氧化镍；边部结粒；夹层

（15）氯离子在镍电解过程中具有去（ ）、降低（ ）、提高（ ）的作用。

答：极化；槽电压；电流效率

（16）硫化镍阳极电解过程中，阳极板中含有的镍、铜、铁、钴等大部分金属进入（ ），而元素硫和未溶解的硫化物及贵金属则形成（ ）。

答：溶液；阳极泥

（17）一般情况下，pH 值过低，阴极析出（　　）严重，易长（　　）。pH 值过高，则阴极镍离子发生（　　），形成（　　），影响电镍质量。

答：氢气；气孔；水解；氢氧化镍

7-2　选择题

（1）启动按钮一般用什么颜色（　　）。

A. 红色　　B. 绿色　　C. 蓝色　　D. 黑色

答：B

（2）下列哪些因素易造成电镍长气孔（　　）。

A. pH 值偏高　　B. 有机物高　　C. ［Ni^{2+}］高　　D. ［Cl^{-}］高

答：B

（3）一般交流电压表所测的电压数值都是（　　）。

A. 瞬时值　　B. 最大值　　C. 有效值　　D. 额定值

答：C

（4）在电解过程中改善电镍表面质量所使用的添加剂是（　　）。

A. 硫酸　　B. 盐酸　　C. 硼酸　　D. 双氧水

答：C

（5）现有的生产工艺条件下，电流密度一般控制在（　　）A/m^2。

A. 120～150　　B. 150～170　　C. 170～190　　D. 190～230

答：D

（6）下列哪种缺陷是由于 pH 值过高引起的（　　）。

A. 气孔　　B. 氢氧化镍　　C. 反析铜　　D. 海绵镍

答：B

（7）混合阳极液的 pH 值一般为（　　），而新液的 pH 值一般控制在（　　）。

A. 1.0～1.5　　B. 1.8～2.0　　C. 4.0～4.5　　D. 4.6～5.1

答：B；D

（8）下列哪种元素在新液中含量最低（　　）。

A. 铁　　B. 钴　　C. 铜　　D. 铅

答：D

（9）隔膜内镍离子浓度大于（　　）g/L。

A. 40　　B. 50　　C. 60

答：B

（10）新液循环速度一般控制在（　　）mL/(袋·min)。

A. 440～480　　B. 380～420　　C. 360～380　　D. 400～420

答：B

（11）镍电解生产中，硼酸含量控制在（　　）g/L。

A. 4～6　　B. 2～3　　C. 6～10　　D. 30～40

答：C

（12）新液中离子浓度最大的是（　　）。

A. Ni^{2+}　　B. Cl^-　　C. Na^+　　D. SO_4^{2-}

答：D

7－3 判断题

（1）在镍电解生产中，Fe^{2+}通过电流的作用氧化成Fe^{3+}，故阳极液中铁是以三价形式存在的。（　　）

答：×

（2）隔膜袋的主要作用是将阴阳极液分开，形成液面差，防止阳极液中的杂质离子反渗入阴极室。（　　）

答：√

（3）同一电解槽中，相邻阴阳极间的电压降不同。（　　）

答：×

（4）隔膜袋新液含镍一般大于60g/L。（　　）

答：×

（5）阳极液的pH值低于新液的pH值。（　　）

答：√

（6）除铁过程中每个系统槽与槽之间呈串联关系。（　　）

答：√

（7）新液的循环量越大，越有利于电解生产。（　　）

答：×

7－4 简述题

（1）分析泵启动后，泵不出液体的原因。

答：

泵内有空气；泵盖连接处或进口管道连接处漏气；进口管径太小或太长；吸入高度或压出高度太高；转轴密封处漏气。

（2）简述碳酸钡的加入方法。

答：

在碳酸钡浆化槽中放入一定量的水；开动搅拌装置；按规定数量加入碳酸钡，边加入边搅拌，防止碳酸钡沉淀，堵塞管道；加完碳酸钡后开启浆化槽出口阀门，将碳酸钡浆化液连续、均匀地加入到阳极液中。

（3）电解生产中，为什么要求每小时检查一次循环，两小时打一次火？

答：

检查循环是为了防止新液断流，新液断流一小时以上时镍板表面就会因镍离子贫化而产生氢氧化镍；打火是为了检查阴阳极导电情况，防止阴阳极铜棒因接触不良而产生烧板。

(4) 阴极液的温度为什么要控制在65～70℃？

答：

阴极液温度偏低时，电解液中离子的扩散速度减慢，导致电解过程出现浓差极化和镍离子贫化现象，影响电镍的质量；偏高时，蒸汽消耗量和溶液蒸发量大，造成能源消耗和电镍生产成本的增加。

(5) 泵在使用中应注意什么？

答：

启动前先用手盘车1～2圈；启动时不能用湿手启动电源开关；启动后先开进口阀门，后开出口阀门，关泵时顺序相反；泵的流量控制只能控制出口阀，不能控制进口阀，泵在运转过程中进口阀必须是全开状态；泵要保证润滑良好，不能缺油，加油不能过量；泵不能空转；泵的电机和对轮上要有防护罩，不能从上面跨越等。

(6) 阴阳极室为什么要保持一定的液位差？

答：

阴阳极液只有保持一定的液位差才能形成一定的静压差，使隔膜内的阴极液渗入阳极区，而阳极液不能反渗到阴极区，从而保持阴极液纯度，确保电解镍质量。

(7) 电调工为什么要进行打火看循环作业？

答：

打火作业是为了检查阴阳极导电性，防止烧板、弯板等缺陷板的形成；看循环是为了防止氢氧化镍的产生；停循环不导电易造成铜反析。

(8) 活性炭和硼酸在镍电解生产中的作用分别是什么？

答：

利用活性炭具有较强的吸附能力，除去溶液中的有机物；硼酸在溶液中起缓冲剂作用。保持电解液pH值的稳定，防止硫酸镍水解，另外，硼酸的存在还可减轻阴极电镍的脆性，使电镍表面平整光滑。

(9) 新液中硼酸浓度的适度提高对电镍质量有什么影响？

答：

新液中硼酸浓度的适度提高可使阴极表面的电解液pH值在一定程度下维持稳定，减少了水解反应发生的几率，有利于电流效率的提高和电镍质量的改善。

(10) 分析泵震动和噪声产生的原因？

答：

泵基础不平或螺丝松动；泵轴与电机轴不同心，转动零件有损坏；支撑管道的支架不稳定；泵内及进口管道内有空气。

（11）加入碳酸钡时，为什么要控制碳酸钡浆化液的浓度？

答：

碳酸钡浓度过低，除铅效果不好；浓度过高，容易引起管道堵塞，给正常生产带来困难，同时增加了生产成本。

7-5　论述题

（1）试述海绵镍产生的原因及处理措施。

答：

海绵镍的产生是由于隔膜袋破损后阳极液进入阴极室所致。当阳极液进入阴极区后，阴极过程变为镍与其他杂质离子共沉淀的过程，产出以镍为主的灰黑色疏松状沉积物，俗称“海绵镍”。具体表现为电镍下部出现疏松状灰黑色物质。

海绵镍的处理：形成海绵镍缺陷的镍板作为降号品处理，同时，更换破损的隔膜袋，待新液灌满后下入处理好的始极片进行电解。

（2）电镍出现反析铜的机理是什么？生产中如何防止反析铜出现？

答：

反析铜形成的条件为：电镍处在 Cu^{2+} 浓度相对高的液相中，阴极断电或接触不良，两个条件缺一不可。其实质是负电性的镍将铜离子从其溶液中置换出来。反应式为：

$$Ni + Cu^{2+} \longrightarrow Ni^{2+} + Cu$$

置换出的铜附着在电镍表面形成反析铜。生产中此种情况只有在长时间停电、断循环的条件下形成。

预防措施：勤看循环，保证新液循环畅通，防止膈膜袋内镍离子的贫化；勤打火，及早发现阴极断电或接触不良的问题；保证动力部门电力供应正常。

（3）试述镍电解溶液输送的基本要求。

答：

接班时，泵工要根据上个班交班情况和仪表显示数据了解各槽罐的溶液储存情况，检查泵及管道的使用状况。

接班后，泵工要了解净化铁前阳极液需求情况及钴后阴极液供给信息，根据中控室指令调节阴阳极液流量。

班中泵工要监控和调整阴阳极液贮槽的液位，将液位控制在50%～80%之间；生产波动时，与中控室联系，根据中控室指令进行开停循环作业；溶液跑浑或上液管道内有空气时，要打开放空阀进行处理；同时要做好泵类设备的倒换使用及维护保养工作，管道渗漏时要及时更换。

交班时要清理好设备卫生，填写设备运行记录。

（4）简述镍电解可溶阳极工艺中对新液成分的要求？并说明各成分对电解生产的影响。

答：

新液成分标准（g/L）：

Ni 70 ~ 80；Cu≤0.003；Fe≤0.003；Co≤0.01；Pb≤0.0003；Zn≤0.00035；Na^+ 30 ~ 40；Cl^- 65 ~ 85；SO_4^{2-} 90 ~ 115；H_3BO_3 6 ~ 10；有机物 < 0.7；As≤0.0002

各成分对电解生产的影响：

1）溶液中镍离子浓度过高会造成原材料浪费，同时渣带走镍量增多；溶液中镍离子浓度过低，隔膜内镍离子易贫化，影响电镍质量。

2）溶液中铁、铜、铅、锌、砷等杂质偏高，会造成电镍化学质量波动，超标时影响品级率指标的完成。

3）氯离子是一种很活泼的负离子，能穿透阳极表面的氧化膜，同时可以降低溶液的黏度，降低溶液的电阻，改善溶液的导电性。

4）钠离子可以增大电解液导电性，降低槽电压，减少电耗。钠离子浓度过高，将增加溶液的黏度，易发生阳极钝化，形成结晶堵塞管道。

5）硼酸能维持阴极表面电解液 pH 值在一定程度下的稳定，减少水解反应发生的几率，有利于电流效率的提高和电镍质量的改善。

6）有机物高时，吸附在阴极表面会形成绝缘点阻碍电力线的穿过是镍离子不能在该处沉积，从而形成气孔。

（5）泵在使用中应注意什么？

答：

启动前先用手盘车 1 ~ 2 圈；启动时不能用湿手启动电源开关；启动后先开进口阀门，后开出口阀门，关泵时顺序相反；泵的流量控制只能控制出口阀，不能控制进口阀，泵在运转过程中进口阀必须是全开状态；泵要保证润滑良好，不能缺油，加油不能过量；泵不能空转；泵的电机和对轮上要有防护罩，不能从上面跨越等。

（6）试述镍电解精炼溶液循环基本原理。

答：

本章节所讲的镍电解精炼溶液循环主要是指电解槽内阴极液的循环，其主要原理是：在直流电的作用下，随着镍离子在阴极上的不断析出，隔膜袋内的镍离子随之贫化，当浓度下降到 50g/L 以下时，阴极板面会有碱式盐生成，电镍的纯度和质量将会发生改变，所以，镍离子在阴极板面析出的同时，要按一定比例不断补充隔膜袋内的镍离子。在实际生产中新液的补充是通过循环管分流补给每个隔膜袋的，流量为 380 ~ 400mL/(h·袋)，流量的大小可以根据新液镍离子浓度的高低来调整。所谓的看循环作业就是检查、疏通循环眼，保证新液连续均匀流入隔膜袋内。

7 - 6 案例分析

（1）实际生产中氢氧化镍板的预防和控制措施有哪些？

答：

1）勤看循环，防止隔膜袋内新液断流或循环量变小。

2）镍离子偏低或新液间断循环时要及时降低生产电流，防止隔膜袋内镍离子贫化。

3）出现氢氧化镍时，拎出氢氧化镍板，将隔膜袋内溶液抽干净，灌满新液后下处理过的始极片继续电解。

(2) 某电解槽掏槽后产出的第一批电镍出现气孔、疙瘩等缺陷，试分析其成因并提出预防措施?

答:

产生的原因:

1) 使用的新隔膜袋数量太多，新隔膜袋使用前未烫洗处理或烫洗时间太短。

2) 旧袋子下槽使用前未冲洗处理。

3) 通电前循环时间太短。

预防措施:

1) 新隔膜袋在使用前用开水烫洗处理24小时以上。

2) 旧袋子下槽使用前要用水冲洗干净。

3) 槽子灌满后至少通电24小时以上，使袋内的杂物得到有效沉积。

7-7 事故处理题

(1) 电解厂房突然失动力电，此时该如何处理?

答:

1) 岗位人员及时汇报中控室。

2) 中控室汇报厂调度室，联系动力厂调度室，由动力厂抓紧恢复。

3) 关闭泵和高位槽的出口阀门，动力电恢复后按程序开启泵，打开高位槽出口阀门。

4) 中控室根据动力电失电时间的长短，控制好电解槽直流电的负荷及高位槽新液的间断下放。

5) 动力电失电时间过长时，启动质量事故应急预案。

(2) 某电解厂房新液高位槽液位在90%以上，但进入电解槽的新液普遍出现流速不均匀的现象，请分析该故障发生的原因，并写出排除故障的措施。

答:

1) 原因分析：新液管道内存在空气。

2) 故障排除：打开新液管道放空阀，将管道内空气排空后关闭放空阀。

(3) 某电解厂房镍板表面出现大量黑色渣子，试分析其成因并提出解决措施?

答:

产生的原因：钴陶管跑浑，含钴渣溶液串进阴极液当中进入电解槽。

解决措施:

1) 停止净化供液。

2) 降低生产电流。

3) 放空高位槽及管道内溶液。

(4) 电解厂房突然失直流电，此时该如何处理?

答:

1) 中控室汇报厂调度室，联系动力厂变电所，由动力厂抓紧恢复。

2) 失电期间适当减少新液循环量。

3) 直流电恢复后，中控室按照电流提升规定，通知变电所逐步提升电流，提升的时间间隔不能太短，幅度不能太大。

4) 电调工打火检查阴阳极导电情况。

(5) 某电解厂房新液高位槽液位在90%以上，但有一个电解槽的新液出现流速不均匀、流量偏小的现象，请分析该故障发生的原因，并写出排除故障的措施。

答:

1) 原因分析: 上液软管变瘪或老化; 上液三通有结晶或镍刺形成。

2) 故障排除: 改善上液软管进槽处的路径或予以更换; 上液三通有结晶或镍刺形成时必须及时更换上液三通短节。

(6) 镍电解蒸汽管道回水出口排出的水颜色发绿，请分析该故障发生的原因，并写出故障排除措施。

答:

1) 原因分析: 溶液贮槽内的加温设施损坏或焊缝开裂。

2) 故障排除: 通过拧松加温设施出口法兰的方法对每个加温设施进行检查，对查出问题的设施关闭其进出口阀门，汇报检修。

7-8 综合分析题

简述镍电解电调循环溶液输送工作流程。

答:

(1) 泵工接班后，通过仪表了解各槽罐的溶液储存情况，现场检查泵及管道的使用情况。

(2) 及时了解净化铁前阳极液需求及钴后阴极液供给信息，根据中控室指令调节阴阳极液流量。

(3) 监控和调整阴阳极液贮槽的液位，将液位控制在50%以上。

(4) 生产波动时，及时与中控室联系，根据中控室指令进行开停循环作业。

(5) 做好泵类设备的倒换使用及维护保养工作，管道渗漏时及时更换。

(6) 做好设备运行的交接班记录。

8 镍电解精炼电溶造液

8.1 电溶造液工艺流程

造液工序根据生产体系脱铜、降酸需要，可按两级造液和多级造液进行配置，传统工艺多采用两级造液，造液槽也相应地分为高酸槽和低酸槽。近年来，随着镍电解产能的不断扩大和外购料比重的不断增加，造液生产能力明显不足，为了在现有开槽数下保证造液低酸出口液指标的合格，生产中已逐步将两级造液改造成四级造液，即对高酸高铜溶液的处理由原来的两次变为四次，增加了处理次数，保证了处理效果。

造液过程是在不带隔膜的电解槽中进行的，阳极为高锍阳极板，阴极为铜皮，电解液由车间阳极泥洗液、铁矾渣滤液、铜渣浸出滤液、含镍废水和外车间含镍溶液按技术要求配比而成，酸度用盐酸、硫酸或陶管酸洗废酸进行调控。配置好的调酸液泵至高位槽，从高位槽按一定流量自流到造液槽内，在直流电的作用下，阳极中镍、铜、铁等金属溶解进入溶液，溶液中铜离子在阴极上以海绵铜状态析出，海绵铜洗涤后作为产中间品外付，低酸出口液与电解阳极液混合后送净化除铁工序。造液工艺流程图如图 8－1 所示。

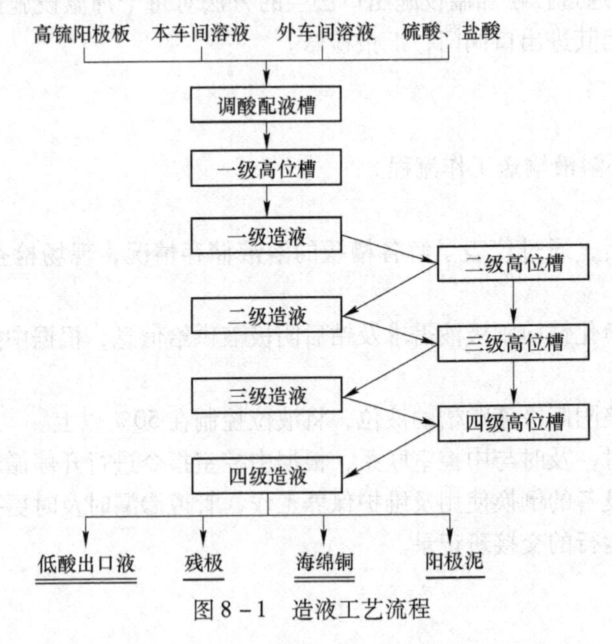

图 8－1　造液工艺流程

8.2 电溶造液基本原理

在镍的可溶阳极电解过程中，由于阴阳极效率差和各种渣夹带镍而造成电解液中 Ni^{2+}

浓度不断贫化，为了维持体系中 Ni^{2+} 的平衡，生产中通过电溶造液槽电解补镍。

由于 H^+、Cu^{2+} 在阴极上析出的电位比镍正，能优先析出，因此在造液过程中电解液中的 H^+、Cu^{2+} 在阴极上共同析出，氢气外溢，从而在阴极上形成海绵铜，实现降酸和脱铜。阳极过程主要是镍的正常溶解，在酸性造液槽中，由于镍的阴极电流效率远远低于阳极电流效率，从而使电解液中的镍离子得以富集，达到补镍的目的。

造液槽的阳极过程与电解槽的完全相同，阳极材料包括：硫化镍阳极、合金阳极或生产槽来的较完整的残极。由于造液阴极产物为海绵铜，为了提高金属回收率，防止海绵铜和阳极泥混合，一般要在阳极板上套上尼龙袋。造液过程的反应为：

阴极反应方程式：

$$2H^+ + 2e = H_2 \uparrow$$

$$Cu^{2+} + 2e = Cu \text{（海绵铜）}$$

阳极反应方程式：

$$Ni_3S_2 - 6e = 3Ni^{2+} + 2S$$

$$MeS - 2e = Me^{2+} + S$$

（Me 代表 Cu、Fe、Co 等杂质元素）

在造液反应中由于阴极上有大量氢气析出，从而使电解液中的酸被“中和”。基于这个道理，在日本志村镍冶炼厂，采用中和电解槽造液法来补充电解液中的镍离子，即在电解槽中采用悬挂镍管的方法减少阴极面积，增极阴极电流密度，在阳极电流密度为 120～160A/m² 时，阴极电流密度增加到 1500～3000A/m²，如此高的电流密度，阴极只有氢的析出，镍是不会析出的，由此电解液中的镍离子浓度提高了，H^+ 浓度下降。此法可将电解液的 pH 值由 1.8 提高到 5.0，能有效降低净化过程中纯碱的消耗量。

8.3 电溶造液主要设备

电溶造液主要设备有造液槽、配液罐、高位槽、盐酸罐、硫酸罐、中间槽、海绵铜浆化槽、酸雾抑制剂溶解槽、吊车、泵类设备等。电溶造液主要设备明细见表 8－1。

表 8－1 电溶造液主要设备明细

序 号	设备名称	规格型号	材 质
1	造液槽	7400×1150×1480	砼衬玻璃钢
2	桥式起重机	$Q=8+8t$	组合件

8.4 电溶造液生产操作实践

电溶造液的主要操作包括调酸配液、配制并加入酸雾抑制剂、碳酸钡浆化及加入、阳极出装、阴极准备、阴极抖板和掏槽。

8.4.1 电溶造液的调酸配液

调酸配液是电溶造液很关键的一项前期准备工作，配液质量的好坏直接影响造液槽的反应效率和低酸出口的指标。出于补镍、脱铜等造液反应的需要，在两级造液工序中，造液槽在调酸配液时对 H^+ 的浓度要求较高，一般要求控制在 0.5～1.0g/L，Cu^{2+} 和 Ni^{2+} 的浓度控制范围分别为 5～15g/L 和 50～60g/L。在多级造液工序中，由于处理次数增加，调酸槽的 H^+ 浓度和 Cu^{2+} 浓度可适当提高，但 Ni^{2+} 浓度需进一步降低。

8.4.2　添加剂加入

在电溶造液过程中，阴极有大量氢气析出，氢气在上浮过程中搅动电解液，由于电解液含酸高，因此造成槽面酸雾较大。为了改善作业环境，减少酸雾，生产中常用煮好的皂角水来做酸雾抑制剂，用它们在电解液表面形成的泡沫来覆盖酸雾。

酸雾抑制剂的加入量根据造液槽的反应情况而定，当电解液表面泡沫快要耗尽时要及时补充，但加入量不宜过多，以泡沫不与铜棒接触为宜，以免造成阴阳极导电棒连电现象。

造液工序碳酸钡的加入见 7.4.3 节内容。

8.4.3　阳极出装

阳极下槽前，要将尼龙袋套在阳极板上，系好带子；阳极出槽时，吊车将阳极吊出槽面，用接液盘配合将阳极吊到作业场，取下阳极上的尼龙袋，进行刮泥子或甩残极作业。

8.4.4　阴极制备

造液槽所用阴极为铜电解产出的废始极片，剪切成 700mm × 720mm 规格后送到造液工序，经打眼、穿铜线加工后作为造液槽阴极。

8.4.5　阴极抖板

抖板作业是将阴极析出的海绵铜抖落的一种作业方式，如果不进行抖板作业，随着阴极海绵铜析出量的增加，阴阳极有可能会形成短路，产生烧板。从海绵铜的析出量和造液效率考虑，每天至少抖板两次，两次时间间隔不易过短，发现烧板及时更换。阴极上海绵铜不易抖落时，要将阴极拎出槽面用刮锹处理。

抖板结束后用自来水冲洗干净阴阳极棒接触点，保证阴阳极导电良好。由于造液槽阴极上氢气析出量大，遇火会爆鸣，所以不能用电解打火的方式来检查。

8.4.6　电溶造液槽掏槽

造液槽掏槽是将抖落到槽底的海绵铜定期排出的过程，当造液槽运行到一定时间后，槽底的海绵铜增多，槽体有效容积变小，电阻增大，影响造液电溶效率，必须进行掏槽作业。掏槽周期与所开生产电流及脱铜量有关，电流在 10000A 左右时，掏槽周期一般在 15～18 天。

造液槽掏槽时将槽低堵子拔出，把槽底海绵铜放到楼下浆化槽中，由泵工输送至洗涤工序；掏完槽后，冲洗槽底和下渣溜槽，堵好槽底塞子，灌液下阴阳极进行生产。

8.5 电溶造液常见故障判断与处理

8.5.1 低酸出口液指标的判断与处理

低酸出口液是造液工序的最终产物之一，根据造液补镍、脱铜的需要，以及净化工序对低酸混合液含酸的技术要求，造液低酸出口液指标应符合表 8-2 标准。低酸出口液企业标准见表 8-2。

表 8-2 低酸出口液企业标准

序 号	项 目	单 位	技术指标
1	造液低酸槽出口含酸（H^+）	g/L	0.08~0.15
2	造液低酸槽出口含镍（Ni^{2+}）	g/L	85~90
3	造液低酸槽出口含铜（Cu^{2+}）	g/L	0.1~0.5

如果低酸出口液指标出现大的波动，就要及时进行调整，以免长时间的波动造成造液效率的降低和海绵痛指标的超标。

8.5.1.1 含酸（H^+）指标的控制

造液调酸槽 H^+ 浓度较高，其目的是为了创造条件让氢气在阴极上析出，但通过造液槽的析氢反应，在低酸出口时其浓度应控制在 0.15g/L 以下，否则会影响净化工序的生产组织，造成净化碱耗指标的上升。如果低酸出口液 H^+ 浓度偏高，可采取以下一种或多种措施来保证海绵铜的含酸指标：

(1) 严格控制造液调酸槽 H^+ 浓度，防止因其浓度过高而不能在造液槽被“中和”掉。

(2) 合理控制造液槽溶液循环量，防止因流量过大而影响 H^+ 在阴极上的析出。

(3) 加强造液槽面精细化操作，提高造液反应效率。

8.5.1.2 含镍（Ni^{2+}）指标的控制

造液低酸出口 Ni^{2+} 浓度偏高，虽然有利于电解体系补镍，但在其浓度达到 95g/L 以上时，很容易在低酸槽的阴极上析出，影响海绵铜质量，而低酸出口的 Ni^{2+} 浓度偏低时又达不到补镍量需求，所以，在保证调酸槽技术条件的前提下，对低酸出口液 Ni^{2+} 浓度的控制，可采取以下相应措施：

(1) Ni^{2+} 浓度偏高时，可采取降低生产电流、加大溶液循环量等措施。

(2) Ni^{2+} 浓度偏低时，可采取提高生产电流、减少溶液循环量、加强槽面精细化操作提高造液反应效率等措施。

8.5.1.3 含铜（Cu^{2+}）指标的控制

造液低酸出口 Cu^{2+} 浓度偏高，意味着这部分铜没有在阴极上析出，而是随低酸混合液再次进入到净化工序被除杂，不但会加大净化除铜量，而且也造成净化成本的二次投入。所以，在保证调酸槽技术条件的前提下，对低酸出口液 Cu^{2+} 浓度偏高的控制，可采取以下相应措施：

（1）保证调酸槽 H^+ 浓度，为 Cu^{2+} 在阴极上的正常析出创造条件。

（2）合理控制造液槽溶液循环量，防止因流量过大而影响 Cu^{2+} 在阴极上的析出。

（3）适当提高生产电流，增加铜在阴极上的析出量。

（4）加强抖板作业质量，防止镍反析影响铜在阴极上的正常析出。

8.5.2　海绵铜指标的判断与处理

海绵铜质量企标标准见表 8－3。

表 8－3　海绵铜质量企标标准

序　号	项　　目	单　位	控制范围
1	洗后海绵铜含镍	%	≤6
2	洗后海绵铜含铜	%	≥70
3	洗后海绵铜含硫	%	≤10

8.5.2.1　海绵铜含镍的控制

海绵铜含镍偏高时，生产中一般通过调整调酸槽溶液的镍离子浓度、酸度、生产电流以及造液槽循环量来实现，同时要加强槽面操作质量，按要求进行抖板作业，确保造液槽反应良好。具体来讲，可采取以下一种或多种措施来保证海绵铜的含镍指标合格：

（1）将调酸槽溶液中镍离子浓度控制在 60g/L 以下。如果持续偏高，必须将调配好的溶液进行稀释，以保证经过造液反应镍离子富集后低酸出口的浓度不高于 95g/L。

（2）适当提高调酸槽溶液中 H^+ 的浓度。造液调酸配液时 H^+ 浓度一般控制在 0.5～1.0g/L，酸度的提高，有利于造液反应的正常进行和造液效率的提高，适当提高酸度，可以防止“死槽子”现象的发生，对于保证铜正常析出、控制海绵铜含镍非常关键。

（3）在不影响体系补镍的情况下适度降低生产电流。镍电解补镍有造液阳极板溶解、净化除铜镍精矿的加入、外来液等多种渠道，如果体系镍离子浓度达标，可以考虑适度降低造液槽的生产电流，以减少造液电解液中镍离子的富集量。

（4）适当增加造液槽的溶液循环量。循环量的增的，减少了镍离子在造液槽中的富集机会，适当的增加造液槽循环量，可以有效降低低酸出口含镍指标，进而保证海绵铜含镍的合格。

（5）加强上游工序操作质量，杜绝跑浑液进入造液槽。本车间压滤液均进入造液工序，压滤液跑浑后会影响到造液电解液的洁净度，包括镍在内的杂质元素会不同程度地吸附到阴极海绵铜上，所以，加强压滤工序的操作质量也是控制海绵铜含镍的措施之一。

（6）保证海绵铜的浆化洗涤和压滤质量。由于海绵铜为疏松状物质，夹带能力较强，为减少海绵铜对镍的夹带量，海绵铜外付前必须要对其进行洗涤和压滤，以保证游离态的镍返回到镍生产体系，而不被海绵铜所夹带。

8.5.2.2 海绵铜含铜的控制

海绵铜含铜偏低时，生产中一般通过调整调酸槽溶液的铜离子浓度、酸度以及调整生产电流、加强槽面的精细化操作来实现。具体来讲，可采取以下一种或多种措施来保证海绵铜的含铜指标合格：

（1）将调酸槽溶液中铜离子浓度调整在10g/L左右。如果铜离子浓度偏低，会影响其在阴极上析出量，并为镍离子的析出创造有利条件，所以调酸槽配液既要提高酸度、控制好镍离子浓度，又要保证铜离子含量。

（2）适当提高调酸槽溶液中H^+的浓度。较高的酸度是保证造液反应正常进行的必要条件，适当提高酸度，可以提高造液效率，保证造液脱铜效果。

（3）适度提升生产电流。根据造液的电流密度和生产要求，造液的生产电流一般控制在8000~10000A，适度提高造液生产电流，使其走上线，可以提高造液脱铜量。

（4）提高出装和抖板的精细化操作水平，保证阴阳极反应效率。该条措施前面已有论述，对提升海绵铜含铜指标同样适用。

（5）加强上游工序的操作质量，杜绝跑浑液进入造液槽。跑浑液进入造液槽，除了影响海绵铜含镍和含硫指标外，对整个造液的生产都会产生影响，包括海绵铜在阴极上的正常析出，所以，加强上游工序的过滤质量，同样至关重要。

8.5.2.3 海绵铜含硫的控制

海绵铜含硫偏高时，生产中一般通过加强造液槽槽面的精细化操作以及防止铜渣浸出液跑浑来实现，同时要尽量减少阳极泥洗涤液的直接进入。具体来讲，可采取以下一种或多种措施来保证海绵铜的含硫指标合格：

（1）加强造液槽面的精细化操作。特别是要提高出装操作的精细化水平，在阳极出装作业时，要套好尼龙袋，对破损的尼龙袋要及时更换，防止阳极泥掉落到海绵铜中。

（2）提高阴极抖板质量，避免阴阳极短路烧破尼龙袋的现象发生。抖板质量较差时，海绵铜在阴极上的附着量会越来越大，当达到一定厚度时，阴极与阳极相连，发生短路现象，既影响电流效率，又容易烧破尼龙袋，袋子破损后，袋中的阳极泥会掉落到海绵铜中，所以，必须保证每天的阴极抖板质量。

（3）保证进入造液槽的铜渣浸出液和阳极泥洗液质量。铜渣浸出液经离心机固液分离后进入造液工序，而离心机跑浑是硫进入造液的主要渠道，所以，必须保证进入造液槽的铜渣浸出液质量。阳极泥洗液也需压滤机过滤后方可进入造液工序。

（4）保证海绵铜的浆化洗涤和压滤质量。通过洗涤和压滤，将海绵铜夹带的硫洗出，减少海绵铜对硫的夹带量。

复 习 题

8-1 填空题

（1）造液的电流效率一般指（　　），一般在（　　）左右。

答：阳极电流效率；60%

（2）造液槽低酸出口含酸控制在（　　）g/L、含铜小于（　　）g/L。

答：0.08～0.15；1

（3）造液槽不能使用打火的方式来检查阴阳极导电性，其原因是阴极有大量（　　）析出，遇火会产生燃烧或爆鸣。

答：氢气

（4）生产槽与造液槽的阴极产物不同，生产槽产出的是（　　），而造液槽产出的是(　　)。

答：电解镍；海绵铜

（5）铜渣浸出后液要送到（　　）工序进行（　　）处理，使铜元素形成开路。

答：造液；脱铜

（6）造液阳极套尼龙袋是为了防止阳极泥与（　　）混合。

答：海绵铜

（7）造液槽加（　　）是为了抑制酸雾挥发，改善作业环境。

答：皂角水

（8）在造液生产过程中，阳极中（　　）的不断溶解和阴极（　　）的析出，可达到补镍、脱铜的目的。

答：镍；海绵铜

（9）当造液单槽低酸出口含酸严重超标时，应（　　），而低酸混合样酸超标时，应作（　）处理。

答：关小进液流量；内部循环

（10）生产槽阴极套袋子的目的是防止阳极液中的（　　）进入阴极室，而造液槽阳极套袋子的目的是防止（　　）与海绵铜混合。

答：杂质；阳极泥

8－2　选择题

（1）镍电解车间进行造液补镍的主要原因为（　　）。

A. 阴阳极效率差、各种渣带走镍量　　B. 电镍中含有一定的杂质

C. 阴极的析氢　　D. 阳极板溶解金属离子

答：A

（2）在造液电流较高的情况下，打火时可听到爆鸣声，是由于（　　）引起。

A. 氢气燃烧　　B. 氧气燃烧　　C. 短路

答：A

（3）造液槽的首要作用是（　　）。

A. 降酸　　B. 补镍　　C. 脱铜

答：B

（4）酸性造液槽生产属于（　　）生产。

A. 高温　　B. 低温　　C. 常温

答：C

（5）平衡体系中的氯离子是通过控制造液（　　）加入量来实现。

A. NaCl　　B. HCl　　C. Na_2CO_3　　D. H_2SO_4

答：B

（6）造液生产中溶液配酸时采用的酸是（　　）。

A. HCl　　B. H_2SO_4　　C. $HCl + H_2SO_4$　　D. H_3BO_3

答：C

8－3　判断题

（1）造液槽中阳极可以使用高铜阳极板。（　　）

答：√

（2）造液槽生产过程中阳极不需刮阳极泥。（　　）

答：×

（3）造液槽中阴极用的是铜始极片。（　　）

答：√

8－4　简述题

（1）造液生产中，为什么要进行定期抖板作业？

答：

如果不定期抖板，阴极上的海绵铜就会越来越厚，容易与阳极形成短路，影响造液槽的补镍和脱铜。

（2）造液槽为什么要定期掏槽？

答：

造液槽生产一段时间后，槽底的海绵铜逐渐增多，造液槽槽体空间变小，槽电压升高，电耗上升。同时，过多的海绵铜沉积槽底会影响造液效率。

（3）造液系统具有哪些主要作用？

答：

造液系统具有补镍、脱铜、降酸、平衡氯离子和破坏有机物的作用。

（4）造液过程怎样降低海绵铜含硫？

答：

套好阳极尼龙袋，及时更换破损的袋子，防止阳极泥进入槽底与海绵铜混合；确保海绵铜压滤设施完好，防止跑浑液返到造液系统。

（5）在什么情况下，造液阴极板上有海绵镍析出？如何处理？

答：

当低酸槽含酸过低时，溶液中的镍离子以海绵镍形式在阴极板上析出。出现这种情况后，一方面要加大循环量，另一方面要在调酸槽合理配酸，保证高酸槽和低酸槽溶液含酸控制在技术条件范围内。

（6）造液槽在什么情况下，阴极板面有反溶现象？如何处理？

答：

阴极板接触不好或不导电，会导致阴极铜皮反溶。如果出现阴极反溶现象，首先要看阴极棒是否搭在了阳极导电母线上，其次要检查阴极接触点，保证阴极导电良好。

（7）电解生产槽槽电压为何高于造液槽槽电压？

答：

电解、造液两个过程的溶液组成不同；电解的阴极过程在由隔膜袋构成的阴极室内进行，不同的隔膜材质将带来不同的隔膜电阻；电解的电流密度高于造液的电流密度。

（8）低酸槽的出口酸度为什么要控制在0.08～0.15g/L？

答：

当低酸槽含酸偏高时，净化消耗的碱液量增大，碱单耗增加，生产成本上升；当低酸槽含酸偏低时，低酸槽阴极板上会有海绵镍析出，造成镍损失，影响海绵铜质量。

（9）简要说明生产槽阴极套隔膜袋和造液槽套尼龙袋的目的。

答：

生产槽阴极套隔膜袋是为防止阴阳极液混合，使阴阳极液保持30～50mm的液位差，而造液槽套袋子是因为阳极产出的阳极泥含有一定量的贵金属，为了防止阳极泥与海绵铜混合。

8-5 论述题

（1）试述造液调酸的技术要求？

答：

调酸配液是电溶造液很关键的一项前期准备工作，配液质量的好坏直接影响造液槽的反应效率和低酸出口的指标。在两级造液工序中，调酸槽H^+浓度控制范围为0.5～1.0g/L、Cu^{2+}浓度控制范围为5～15g/L、Ni^{2+}浓度控制范围为50～60g/L。在多级造液工序中，由于处理次数增加，调酸槽的H^+浓度和Cu^{2+}浓度可适当提高，但Ni^{2+}浓度需进一步降低。

（2）试述电溶造液的基本原理？

答：

在镍的可溶阳极电解过程中，由于阴阳极效率差和各种渣夹带镍而造成电解液中Ni^{2+}浓度不断贫化，为了维持体系中Ni^{2+}的平衡，生产中通过电溶造液槽电解补镍。由于H^+、Cu^{2+}在阴极上析出的电位比镍正，能优先析出，因此在造液过程中电解液中的H^+、Cu^{2+}在阴极上共同析出，氢气外溢，从而在阴极上形成海绵铜，实现降酸和脱铜。阳极过程主要是镍的正常溶解，在酸性造液槽中，由于镍的阴极电流效率远远低于阳极电流效率，从而使电解液中的镍离子得以富集，达到补镍的目的。

阴极反应方程式：

$$2H^+ + 2e = H_2\uparrow \qquad Cu^{2+} + 2e = Cu\text{（海绵铜）}$$

阳极反应方程式：

$$Ni_3S_2 - 6e = 3Ni^{2+} + 2S \quad MeS - 2e = Me^{2+} + S$$

（Me 代表 Cu、Fe、Co 等杂质元素）

(3) 如何做好镍离子的金属平衡工作？

答：

1）提高造液效率，加强造液工序的补镍工作。

2）平衡好外来溶液的补镍量。

3）降低各种渣量及渣含镍指标。

4）做好各种渣的处理及洗涤工作。

5）保证阳极板的含镍量。

(4) 镍电解生产过程中，镍离子贫化的原因何在？生产中采取什么措施保证镍离子平衡？

答：

由于电解过程中阴阳极效率差及净化过程中各种渣带走镍量，造成镍离子贫化。

平衡镍离子措施：

1）提高造液效率，加强造液工序的补镍工作。

2）平衡好外来溶液的补镍量。

3）降低各种渣量及渣含镍指标。

4）做好各种渣的处理及洗涤工作。

5）保证阳极板的含镍量。

(5) 电解、净化、造液三大工序的相互关系是什么？

答：

电解工序利用净化工序提供的合格阴极液进行电解，生产出最终产品电解镍；净化工序将电解槽产出的阳极液除杂后作为阴极液输送给电解工序；造液利用外来液、净化压滤液、阳极液、盐酸、硫酸、废水等调配的调酸液作为电解液，通过造液槽电解，达到补镍、脱铜、降酸的目的，产出的低酸混合液进入净化生产体系。

8-6 案例分析

(1) 造液槽槽面无酸雾，槽内溶液没有气泡上浮，试分析这“死槽”形成的原因。

答：

1）调酸槽所配溶液含酸偏低。

2）单槽流量过大，溶液在槽内的反应时间不足。

3）造液槽所开生产电流偏低。

4）阴阳极接触点太脏或槽底海绵铜过多，影响造液效率。

5）阴极上有海绵镍形成。

（2）造液低酸出口样票显示含 H^+ 为 0.22g/L，该样是否超标，试分析其成因。

答：

造液低酸出口含酸指标为 0.08～0.15g/L，该样已超标。

H^+ 超标原因：

1）调酸槽所配溶液含酸偏高。

2）造液槽反应效率不高。

3）单槽流量过大，溶液在槽内的反应时间不足。

8-7　综合分析题

（1）叙述造液工序的工艺流程。

答：

造液过程是在不带隔膜的电解槽中进行的，阳极为高锍阳极板，阴极为铜皮，电解液由车间阳极泥洗液、铁渣滤液、铜渣浸出滤液、含镍废水和外车间含镍溶液按技术要求配比而成，酸度用盐酸或硫酸进行调控。配置好的调酸液泵至高位槽，从高位槽按一定流量自流到造液槽内，在直流电的作用下，阳极中镍、铜、铁等金属溶解进入溶液，溶液中铜离子在阴极上以海绵铜状态析出，海绵铜洗涤后作为产中间品外付，低酸出口液与电解阳极液混合后送净化除铁工序。

（2）本岗位存在的主要危险危害因素有哪些？

答：

1）出装岗位存在的主要危险危害因素：灼烫、物体打击、高空坠落、起重伤害、车辆伤害。

2）电调岗位存在的主要危险危害因素：灼烫与弧光辐射、物体打击、高空坠落、起重伤害。

3）种板岗位存在的主要危险危害因素：划伤、物体打击、高空坠落、起重伤害。

4）始极片加工岗位存在的主要危险危害因素：机械伤害、触电、火灾、车辆伤害。

5）晃棒岗位存在的主要危险危害因素：灼烫、物体打击、起重伤害。

（3）综合分析海绵铜含镍偏高的原因及解决措施。

答：

海绵铜含镍偏高时，生产中一般通过调整调酸槽溶液的镍离子浓度、酸度、生产电流以及造液槽循环量来实现，同时要加强槽面操作质量，按要求进行抖板作业，确保造液槽反应良好。具体来讲，可采取以下一种或多种措施来保证海绵铜的含镍指标：

1）将调酸槽溶液中镍离子浓度控制在 60g/L 以下。如果持续偏高，必须将调配好的溶液进行稀释，以保证经过造液反应镍离子富集后低酸出口的浓度不高于 95g/L。

2）适当提高调酸槽溶液中 H^+ 的浓度。造液调酸配液时 H^+ 浓度一般控制在 0.5～1.0g/L，酸度的提高，有利于造液反应的正常进行和造液效率的提高，适当提高酸度，可以防止“死槽子”现象的发生，对于保证铜正常析出、控制海绵铜含镍非常关键。

3）在不影响体系补镍的情况下适度降低生产电流。镍电解补镍有造液阳极板溶解、净化除铜镍精矿的加入、外来液等多种渠道，如果体系镍离子浓度达标，可以考虑适度降低造液槽的生产电流，以减少造液电解液中镍离子的富集量。

4）适当增加造液槽的溶液循环量。循环量的增的，减少了镍离子在造液槽中的富集机会，适当的增加造液槽循环量，可以有效降低低酸出口含镍指标，进而保证海绵铜含镍的合格。

5）加强上游工序操作质量，杜绝跑浑液进入造液槽。本车间压滤液均进入造液工序，压滤液跑浑后会影响到造液电解液的洁净度，包括镍在内的杂质元素会不同程度地吸附到阴极海绵铜上，所以，加强压滤工序的操作质量也是控制海绵铜含镍的措施之一。

6）保证海绵铜的浆化洗涤和压滤质量。由于海绵铜为疏松状物质，夹带能力较强，为减少海绵铜对镍的夹带量，海绵铜外付前必须要对其进行洗涤和压滤，以保证游离态的镍返回到镍生产体系，而不被海绵铜所夹带。

（4）综合分析海绵铜含铜偏低的原因及解决措施。

答：

海绵铜含铜偏低时，生产中一般通过调整调酸槽溶液的铜离子浓度、酸度以及调整生产电流、加强槽面的精细化操作来实现。具体来讲，可采取以下一种或多种措施来保证海绵铜的含铜指标：

1）将调酸槽溶液中铜离子浓度调整在10g/L左右。如果铜离子浓度偏低，会影响其在阴极上析出量，并为镍离子的析出创造有利条件，所以调酸槽配液既要提高酸度、控制好镍离子浓度，又要保证铜离子含量。

2）适当提高调酸槽溶液中H^+的浓度。较高的酸度是保证造液反应正常进行的必要条件，适当提高酸度，可以提高造液效率，保证造液脱铜效果。

3）适度提升生产电流。根据造液的电流密度和生产要求，造液的生产电流一般控制在8000～10000A，适度提高造液生产电流，使其走上线，可以提高造液脱铜量。

4）提高出装和抖板的精细化操作水平，保证阴阳极反应效率。该条措施前面已有论述，对提升海绵铜含铜指标同样适用。

5）加强上游工序的操作质量，杜绝跑浑液进入造液槽。跑浑液进入造液槽，除了影响海绵铜含镍和含硫指标外，对整个造液的生产都会产生影响，包括海绵铜在阴极上的正常析出，所以，加强上游工序的过滤质量，同样至关重要。

（5）电溶造液对调酸配液有何技术要求？

答：

调酸配液是电溶造液很关键的一项前期准备工作，配液质量的好坏直接影响造液槽的反应效率和低酸出口的指标。在两级造液工序中，调酸槽H^+浓度控制范围为0.5～1.0g/L、Cu^{2+}浓度控制范围为5～15g/L、Ni^{2+}浓度控制范围为50～60g/L。在多级造液工序中，由于处理次数增加，调酸槽的H^+浓度和Cu^{2+}浓度可适当提高，但Ni^{2+}浓度需进一步降低。

9 镍电解精炼洗涤

9.1 镍电解精炼洗涤工艺流程

在镍电解过程中，采用的阳极板为高锍阳极板，含硫 20% ~24%，而硫主要以 NiS 和 Ni_3S_2 形式存在，电解溶解后，由于阳极失去电子，硫以单质形式残留在阳极上，再通过阳极泥刮除，集中到阳极泥斗子中。由于阳极泥结构疏松，具有较强的物理吸附和机械夹带能力，夹带了一定量的镍，如果直接外付到硫黄系统，将影响镍电解生产系统的镍直收率，为了回收阳极泥中的镍，需要对阳极泥进行洗涤。

造液槽阴极析出的单体铜，由于造液过程大量氢气的释放，使得析出的海绵铜为疏松的海绵状结构，因此具有一定的机械夹带和吸附溶液的能力，含有一定量的镍。为了提高镍回收率，因此需要处理回收其中的镍。阳极泥洗涤流程如图 9 -1 所示，海绵铜洗涤流程如图 9 -2 所示。

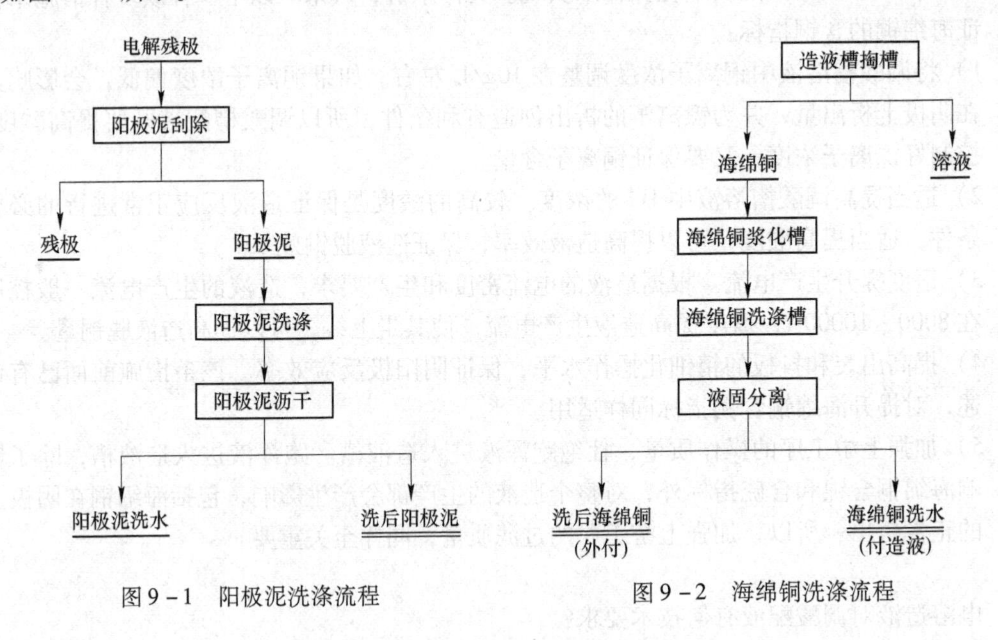

图 9 -1　阳极泥洗涤流程　　　图 9 -2　海绵铜洗涤流程

9.2 镍电解精炼洗涤主要原理

镍电解精炼过程产出的阳极泥和海绵铜夹带的镍主要以离子形式存在，具有较好的水溶性，该过程主要是利用镍离子的水溶性，通过采取水稀释和冲洗的方式，达到洗涤的目的。

9.3 镍电解精炼洗涤主要设备

9.3.1 阳极泥洗涤的主要设备

阳极泥洗涤主要涉及的设备包括吊车、沥干池等。

设备的主要型号见表9-1。阳极泥洗涤示意图如图9-3所示。

表9-1 主要设备表

序 号	设备名称	规格型号	备 注
1	电动单梁起重机	5t	
2	沥干池		

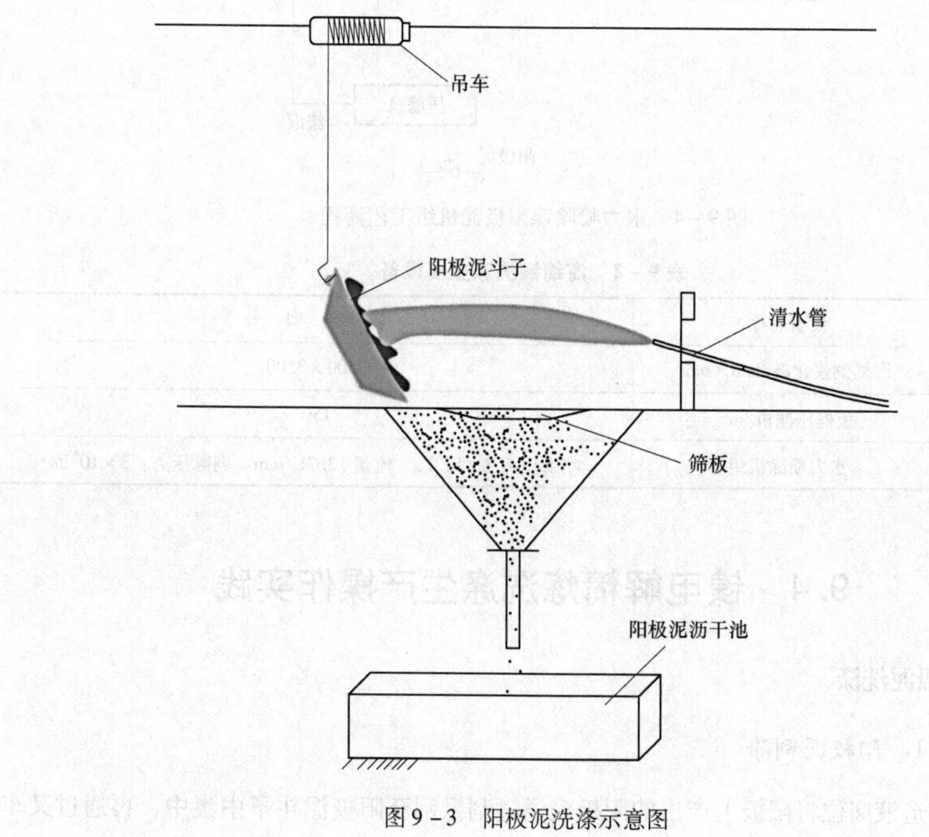

图9-3 阳极泥洗涤示意图

水力喷除镍阳极泥机组工艺流程图如图9-4所示。

9.3.2 海绵铜洗涤主要设备

海绵铜洗涤主要设备为浆化槽、板框压滤机，见表9-2。

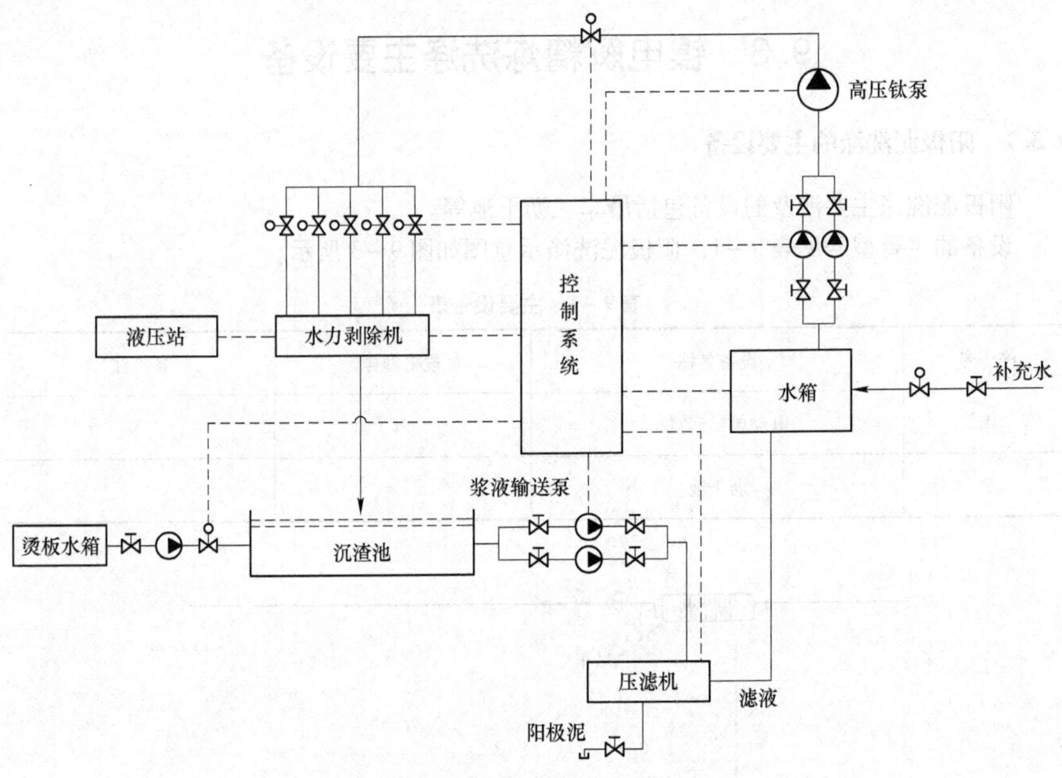

图 9－4 水力喷除镍阳极泥机组工艺流程

表 9－2 海绵铜洗涤主要设备

序号	设备名称	规 格 型 号
1	海绵铜浆化槽/mm × mm	3500 × 3500
2	板框压滤机/m^2	150
3	水力喷除机组	喷嘴压力 3×10^6 Pa，流量 12.7L/min。剥除压力：3×10^6 Pa

9.4 镍电解精炼洗涤生产操作实践

9.4.1 阳极泥洗涤

9.4.1.1 阳极泥刮除

电解和造液岗位将阳极上产出的阳极泥通过刮楸刮至阳极泥斗子中集中，再通过叉车叉运至洗涤厂房，备洗。

9.4.1.2 阳极泥洗涤

A 传统洗涤方式

由洗涤厂房的5t 吊车将阳极泥斗子吊起至洗涤平台，摘除阳极泥斗子的吊钩，仅留斗子尾部的吊钩，通过起吊，将斗子倾斜，职工开启水阀门，使带压水冲洗到阳极泥上，如上图所示。阳极泥通过筛板和溜槽进入阳极泥沥干池沥干。

B 水力喷除镍阳极泥机组洗涤方式

用吊车将镍阳极板取出并放入阳极泥挂架板上固定。启动高压泵，高压泵产生的高压水由喷嘴喷出形成水射流，液压驱动的升降装置带动阳极板上下运动即可完成对整个阳极板面积的水力清除。机组冲洗阳极泥作业情况如图 9-5 所示。

图 9-5 机组冲洗阳极泥作业情况

9.4.1.3 残极碎块挑拣

阳极泥中夹带的残极碎块会遗留在筛板上，再由职工拣至斗子中集中返回熔铸。

9.4.1.4 阳极泥的拉运

阳极泥在沥干池中沥干后，由人工装车将洗后阳极泥装入拖拉机中，拉运至硫黄系统。

9.4.1.5 溶液处理

顺着阳极泥进入沥干池的水会在沥干池底部筛板下流出，集中后通过泵泵入槽中，再通过泵送入造液系统配液。

9.4.2 海绵铜洗涤

9.4.2.1 造液槽掏槽

将造液槽横电，拔掉槽底堵子，将海绵铜和溶液一起放入底部浆化槽，再通过泵泵入洗涤厂房海绵铜浆化槽，加入新水，加温至 50~60℃左右，搅拌。

9.4.2.2 海绵铜液固分离

将浆化槽中海绵铜泵入板框压滤机，进行液固分离，待压滤机压满后，进行打压，将压滤机中残余的水分压出。

9.4.2.3 海绵铜拉运

将拖拉机停放在海绵铜压滤机下渣流口，拆压滤机，使洗后海绵铜通过溜槽落入拖拉机上，再拉运至堆放场地。

9.4.2.4 溶液处理

海绵铜液固分离溶液含有一定量的镍，通过集中后，泵入造液进行配液。

9.5 洗涤常见故障判断与处理

9.5.1 阳极泥含镍高

阳极泥含镍高主要原因：

(1) 冲洗阳极泥的水量不够，造成阳极泥冲洗不充分，夹带的镍量较多。

(2) 阳极泥沥干时间不足，由于阳极泥需要足够的时间在沥干池内沥干，将溶液夹带的镍通过水而带走，如果沥干时间不足，夹带镍的水分仍残留在阳极泥中，造成阳极泥含镍高。

采取措施：

在阳极泥冲洗时，尽量避免吊车起吊过快，造成阳极泥一次性落入筛板；阳极泥在沥干池中沥干时间必须达到12h，确保沥干效果。

9.5.2 洗后海绵铜含镍高

海绵铜含镍高主要原因：

(1) 海绵铜浆化液固比过低。海绵铜从造液返来时，夹带了部分溶液，如果在洗涤浆化时液固比偏低，镍稀释不够，在压滤机液固分离后，仍然含有较高的镍。

(2) 浆化用水含镍较高。利用含镍较高的水洗海绵铜时，残留在海绵铜中的水含镍较高。

(3) 海绵铜洗水温度不够，造成海绵铜镍洗不掉。

处理方法：

造液在放海绵铜时，要先将上部溶液抽出，避免大量的溶液随海绵铜进入洗涤流程；海绵铜在浆化洗涤时，必须加入足量的水，同时水温要达到55～60℃，水中含镍要低，才能使海绵铜含镍低。

复习题

9-1 填空题

(1) 海绵铜和阳极泥洗涤的目的是（ ）。

答：回收镍

（2）阳极泥和海绵铜洗涤的主要目的是（ ）。

答：回收镍

（3）洗后海绵铜含镍应小于（ ）%。

答：6

9-2 判断题

（1）夹杂在阳极泥中的硫化态或金属态镍能进入洗后液中。（ ）

答：√

（2）镍电解生产中，刮阳极泥的目的在于降低电耗。（ ）

答：√

（3）阳极泥洗涤与镍的回收率指标无关。（ ）

答：×

9-3 简述题

（1）为什么要对海绵铜和阳极泥进行洗涤？

答：

镍电解精炼过程产出的阳极泥和海绵铜夹带的镍主要以离子形式存在，具有较好的水溶性，该过程主要是利用镍离子的水溶性，通过采取水稀释和冲洗的方式，达到洗涤的目的。

（2）简述洗后阳极泥含镍高的原因及处理措施。

答：

1）冲洗阳极泥的水量不够，造成阳极泥冲洗不充分，夹带的镍量较多。

2）阳极泥沥干时间不足，由于阳极泥需要足够的时间在沥干池内沥干，将溶液夹带的镍通过水而带走，如果沥干时间不足，夹带镍的水分仍残留在阳极泥中，造成阳极泥含镍高。

处理措施：

在阳极泥冲洗时，尽量避免吊车起吊过快，造成阳极泥一次性落入筛板；阳极泥在沥干池中沥干时间必须达到12h，确保沥干效果。

（3）简述洗后海绵铜含镍高的原因及处理措施。

答：

1）海绵铜浆化液固比过低。海绵铜从造液返来时，夹带了部分溶液，如果在洗涤浆化时液固比偏低，镍稀释不够，在压滤机液固分离后，仍然含有较高的镍。

2）浆化用水含镍较高。利用含镍较高的水洗海绵铜时，残留在海绵铜中的水含镍较高。

3）海绵铜洗水温度不够，造成海绵铜镍洗不掉。

处理措施：

造液在放海绵铜时，要先将上部溶液抽出，避免大量的溶液随海绵铜进入洗涤流程；

海绵铜在浆化洗涤时，必须加入足量的水，同时水温要达到55～60℃，水中含镍要低，才能使海绵铜含镍低。

9-4 综合分析题

综合分析海绵铜含硫偏高的原因及解决措施。

答：

海绵铜含硫偏高时，生产中一般通过加强造液槽槽面的精细化操作以及防止铜渣浸出液跑浑来实现，同时要尽量减少阳极泥洗涤液的直接进入。具体来讲，可采取以下一种或多种措施来保证海绵铜的含硫指标：

(1) 加强造液槽面的精细化操作。特别是要提高出装操作的精细化水平，在阳极出装作业时，要套好尼龙袋，对破损的涤纶带要及时更换，防止阳极泥掉落到海绵铜中。

(2) 提高阴极抖板质量，避免阴阳极短路烧破涤纶带的现象发生。抖板质量较差时，海绵铜在阴极上的附着量会越来越大，当达到一定厚度时，阴极与阳极相连，发生短路现象，既影响电流效率，又容易烧破尼龙袋，袋子破损后，袋中的阳极泥会掉落到海绵铜中，所以，必须保证每天的阴极抖板质量。

(3) 保证进入造液槽的铜渣浸出液和阳极泥洗液质量。铜渣浸出液经离心机固液分离后进入造液工序，而离心机跑浑是硫进入造液的主要渠道，所以，必须保证进入造液槽的铜渣浸出液质量。阳极泥洗液也需压滤机过滤后方可进入造液工序。

(4) 保证海绵铜的浆化洗涤和压滤质量。通过洗涤和压滤，将海绵铜夹带的硫洗出，减少海绵铜对硫的夹带量。

10 镍电解精炼铜棒除锈

10.1 镍电解精炼铜棒除锈工艺流程

在电解过程中，由于蒸发出来的溶液冷凝后滞留在铜棒表面，同时灰尘等也落在上面，导致铜棒与各接触点导电不良，降低电能效率。因此必须定期除去阴阳极铜棒表面的脏物。

目前铜棒除锈的工艺有：晃棒机自磨除锈；超声波除锈；激光除锈等，在这里主要讲解镍冶炼厂常用的晃棒机自磨除锈。

铜棒除锈的工艺流程如图 10－1 所示。

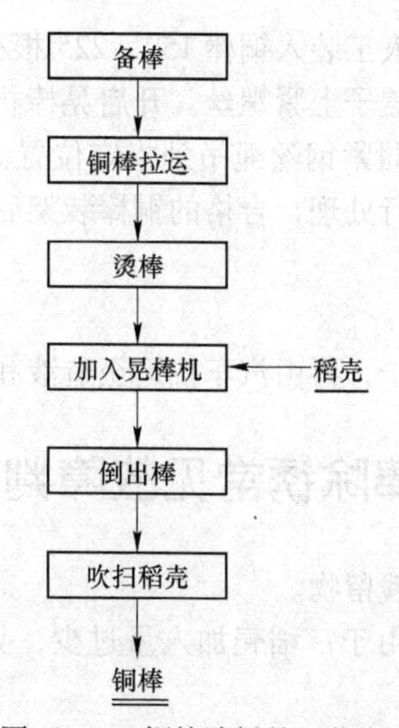

图 10－1 铜棒除锈的工艺流程

10.2 镍电解精炼铜棒除锈主要原理

铜棒除锈主要原理：利用铜棒的自重，并在晃棒机中加入稻壳，开启晃棒机后，晃棒机开始旋转，铜棒之间产生自磨，加入稻壳的目的，在铜棒间互相碰撞时缓冲作用，同时，可将铜棒上不光滑的部位脏物除去。铜棒除锈主要设备包括烫棒槽、晃棒机和吊车。

10.3 镍电解精炼铜棒除锈生产操作实践

镍电解铜棒除锈过程如图 10－2 所示。

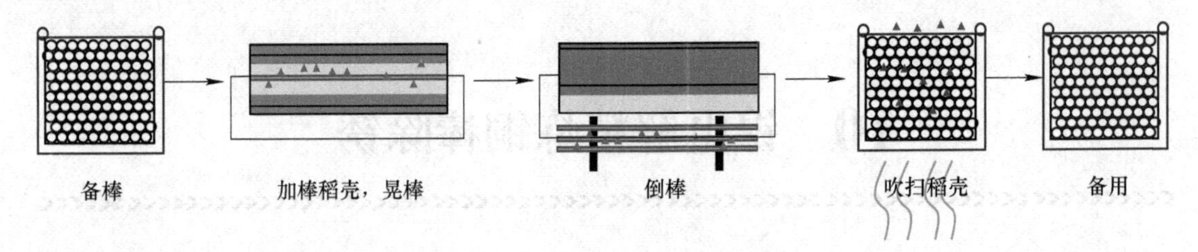

图 10－2　铜棒除锈示意图

10.3.1　备棒

将电解和造液厂房使用完毕的铜棒，放入铜棒架子，摆放整齐，并由汽车拉运至晃棒厂房。

将烫洗槽的水加到指定位置，打开蒸汽阀门，将槽内水温加热到90℃以上。用吊车将电解使用后的铜棒吊起后放入烫洗槽，15～30min 后吊出晾干。

10.3.2　晃棒

开启晃棒机滚筒活动盖子，人工装入铜棒 152～225 根/(次·筒)，放置整齐后向滚筒内倒入稻壳，加入适量水，关闭盖子上紧螺丝。开启晃棒机，运转处理 1h/(次·筒)。铺好钢丝绳，倒出处理后的铜棒，捆紧钢丝绳吊到指定位置。开高压风吹净铜棒上的稻皮，挑出残缺及未处理光亮的铜棒另行处理，合格的铜棒装架后供电解和造液使用。

10.3.3　送棒

晃棒厂房晃好的铜棒装入架子，再由汽车拉运至造液和电解厂房阴阳极作业场待用。

10.4　铜棒除锈常见故障判断与处理

铜棒除锈效果差、铜棒上有残留物。

铜棒除锈效果差主要原因是由于：稻壳加入量过少，晃棒时间短，导致晃棒不完全，脏物遗留在铜棒表面。

铜棒上有残留物主要是由于吹扫铜棒稻壳的时间或风压不足造成。

铜棒上黄白色残留物主要原因：厂家供应的稻壳未脱除干净，含有大量的稻粒。

处理方法：晃棒效果较差的铜棒需重新加入到晃棒机中重新晃棒，稻壳未吹干净的，要延长铜棒吹扫时间，同时及时沟通风压，确保风压正常；稻壳含有较多稻粒的问题及时与供货厂家进行沟通，更换稻壳。

复 习 题

10－1　填空题

(1) 晃棒作业中，浸泡铜棒的水为（　　）。

答：常温

（2）晃棒机中除了铜棒自身外，还需要加入（　　）作为辅助。

答：稻壳

（3）目前铜棒除锈的工艺有：（　　）、（　　）、（　　）等。

答：晃棒机自磨除锈；超声波除锈；激光除锈

10－2　简述题

晃棒机除锈铜棒不干净的主要原因是什么？

答：

铜棒除锈效果差主要原因是由于：稻壳加入量过少，晃棒时间短，导致晃棒不完全，脏物遗留在铜棒表面。

铜棒上有残留物主要是由于吹扫铜棒稻壳的时间或风压不足造成。

铜棒上黄白色残留物主要原因：厂家供应的稻壳未脱出干净，含有大量的稻粒。

处理方法：晃棒效果较差的铜棒需重新加入到晃棒机中重新晃棒，稻壳未吹干净的，要延长铜棒吹扫时间，同时及时沟通风压，确保风压正常；稻壳含有较多稻粒的问题及时与供货厂家进行沟通，更换稻壳。

11 设备故障及维护

本章节针对镍电解精炼过程的主要设备进行讲述，主要包括溶液泵、平台吊车、电葫芦、始极片加工部分设备、板框压滤机及晃棒设备。

镍生产系统平台吊车主要用于电解厂房，主要用于吊运阳极板、电镍等工作，是生产电解镍的重点关键设备之一。

平台吊车常见故障和维护处理方法见表11－1。

表11－1 平台吊车常见故障和维护处理方法

零部件	故障情况	故障原因	维护措施
吊钩	尾部疲劳裂缝	吊钩断裂	停止使用
	吊钩表面上有裂缝和破裂	吊钩损坏	停止使用
	钩头危险断面的磨损超过其高度的10%	吊钩损坏	停止使用
滑轮	滑轮槽不均匀磨损	钢丝绳损坏得快	在不均匀磨损超过3mm时停止使用滑轮
	滑轮轴磨损	轴损坏	检查润滑情况，有无润滑油
	滑轮不转动	滑轮轴、钢丝绳磨损	轴是否擦伤及轴承状况
卷筒	卷筒上有裂缝	卷筒损坏	更换
制动器	不能制动（对运行机构来说小车或大车断电后滑行距离较大）	一般原因： （1）杠杆系统中的活动关节被卡住； （2）润滑油滴在制动轮的制动面上； （3）制动闸皮过度磨损	（1）用油润滑活动关节； （2）更换制动闸皮，调整锁紧螺母； （3）处理不了的汇报中控室
	不能打开	一般原因： （1）制动带黏在有污垢的制动轮上； （2）活动关节卡住； （3）弹簧张力过大； （4）油液使用不当； （5）叶轮卡住	（1）消除卡住现象； （2）调整弹簧； （3）处理不了的汇报中控室
齿轮	齿轮损坏	在工作时跳动，端面机构损坏	汇报中控室
	齿轮磨损	在开动和制动时跳动	
	轮辐、轮缘和轮壳上有裂缝	齿轮损坏	
	键损坏和齿轮在轴上跳动	键断	
联轴器	在半联轴器体内有裂缝	损坏联轴器	汇报中控室
	连接螺栓孔磨损	在开动机构时跳动切断螺栓	
	齿型联轴器磨损	齿磨坏，重物迅速落下	
	键槽磨损	键落下，重物迅速落下	

续表 11-1

零部件	故障情况	故障原因	维护措施
轴	裂缝	轴损坏	汇报中控室
	轴的弯曲超过0.5mm/m	由于疲劳而损坏轴颈	
车轮	运行不平稳及发生歪斜	(1) 车轮轮缘过度磨损； (2) 由于不均匀的磨损，车轮的直径具有很大差异； (3) 起重机钢轨不平直	汇报中控室
减速机	(1) 外壳特别是在安装轴承的地方发热； (2) 润滑油沿着封面流出； (3) 减速机震动	轴承发生故障。轴颈卡住，齿轮迅速磨损，齿轮及轴承内缺乏润滑油	(1) 更换油，检查啮合情况和轴承情况； (2) 处理不了的汇报中控室
滚动轴承	轴承产生高热	缺润滑油	加润滑油
	声音大	轴承中有污垢	清洗轴承，加新润滑脂
		安装不良而使轴承部件卡住 轴承的零件发生损坏和磨损	汇报中控室

始极片机组常见故障和维护处理方法见表 11-2。

表 11-2 始极片机组常见故障和维护处理方法

常见故障	故障原因	处理方法
电气控制系统故障	开关失灵、线路故障	检查更换开关处理线路
液压系统故障	漏油、阀门故障	检查更换阀门处理漏油
气动系统故障	漏风、阀门故障	检查更换阀门处理漏风管路
剪板机故障	刀片间隙过大或过小	调整刀片间隙
输送系统故障	卡片、卡耳	用铁丝钩将片或耳钩出

工程塑料泵常见故障和维护处理方法见表 11-3。

表 11-3 工程塑料泵常见故障和维护处理方法

现象	发生故障原因	处理方法
启动后，泵不出液体	泵内有空气或进口管路内存有气囊	排出泵与管道内的空气
	泵进出口管道连接处漏气	合理对角均匀拧紧螺钉达到不漏气为止
	进口管径太小太长，阻力大或进口阻塞	进出口管径不应小于泵进口直径或排除进口管道阻塞现象
	吸入高度或压出高度太高	吸入扬程或压力不应超过泵性能极限
	转轴密封处漏气	更换密封橡胶圈等部件
	进出口上的阀门失灵	检修或更换进出口阀
	电动机转向不对	调整转向

续表 11－3

现 象	发生故障原因	处理方法
流量不足或压头不足	进口阻力大或进口阻塞	排除进口管道阻塞、减少管道弯头或阻力
	泵内存有空气或有微量的空气漏入	排除泵内空气漏入
	管道连接处的垫片偏离，阻碍管道通畅	重新调整垫片
	转速不够或工作介质稠度较大	换更大功率泵
泵有震动或噪声	基础不平或螺丝松动	校正基础平行紧固各部螺丝
	泵轴与电机轴不同心，转动零件有损坏	校正泵轴与电机轴同心度，更换损坏零件
	支撑管道的支架不稳定	加强管道支撑架的稳固可靠性
	泵内及进口管路有气蚀现象或空气引起水击	合理安装泵进出口管道，排除气蚀现象与泵内空气
	轴承磨损损坏	调换新轴承
轴承发热	泵轴与电机轴不同心或轴承磨损	校正泵轴与电机轴同心度
	润滑油不足或过多，润滑油污秽	排入污秽油，调换新润滑油

陶瓷泵常见故障和维护处理方法见表 11－4。

表 11－4 陶瓷泵常见故障和维护处理方法

现 象	发生故障原因	处理方法
启动后，泵不出液体或流量扬程明显不符	泵内有空气或进口管路内空气未排净	排出泵与管道内的空气
	泵盖或进出口管道连接处漏气	合理对角均匀拧紧螺钉达到不漏气为止
	进口管径太小太长，阻塞或阀门失灵	进出口管径不应小于泵进口直径或排除进口管道阻塞现象
	吸入高度或压出高度太高	吸入扬程或压力不应超过泵性能极限
	转轴密封处漏气	更换密封橡胶圈等部件
	电动机转向、转速不对或介质黏度过大	检修或更换进出口阀
泵有震动或噪声	基础不平或螺丝松动	校正基础平行紧固各部螺丝
	泵轴与电机轴不同心	校正泵轴与电机轴同心度，更换损坏零件
	支撑管道的支架不稳定	加强管道支撑架的稳固可靠性
	泵内及进口管路有气蚀现象	合理安装泵进出口管道，排除气蚀现象与泵内空气
	轴承磨损损坏	调换新轴承
轴承发热、冒气或严重泄漏	机械密封工作面破坏	校正泵轴与电机轴同心度
	机械密封安装不正确	重新正确安装机械密封

电动葫芦常见故障和维护处理方法见表 11－5。

表11－5 电动葫芦常见故障和维护处理方法

现 象	故障原因	处理方法
电动葫芦动作方向与按钮箭头所指方向不符	电源相序不正确	换接电源线中的任意两根接线
按钮按下后不能正常复位	橡胶圈或胶木件卡死	检查按钮
电动葫芦向一个方向运行不停，按相反方向按钮时可反向运行	按钮有问题	检查按钮，消除胶木件卡死或其他毛病
电动葫芦向一个方向运行不停，按相反方向按钮时不反向运行	磁力启动器有问题	检查磁力驱动器，消除机件卡死或触头黏合等现象
按下按钮时电动葫芦的一个或两个方向根本不动	限位器、按钮或磁力启动器有问题或接线有错	用万用表细致检查，消除故障
电动机不能启动或能启动而杂声大，吊不起重物	一相电源中断，电源电压过低或过载，电机未解除制动	检查保险丝、电源电压、物重、电机制动部分
电动葫芦外壳带电或运行电机有哼声	工字钢未接地，电源未接地，电动机或电源装置有绝缘破损情况	加接地装置、检查并消除工字钢与走轮踏面上存在的导电性差的污物，检查修复绝缘破坏部位
不能制动或制动距离过大	锥形制动环油污或磨损，过载	调节制动机构或清洗油污，检查物重
由卷筒、卷筒外壳或减速器壳体结合缝向外漏油	减速器加油过多，由输油轴孔漏出，减速器壳体结合缝油封失效或螺丝未拧紧	将油全部放出再按量加油；检查油封或拧紧螺丝
卷筒上钢丝绳脱槽紊乱甚至憋坏导绳器	导绳器压紧圈太松或不随圈筒转动，空载启动时吊钩上未加轻重物	拆开导绳器理绳，修复导绳器；空载启动时吊钩上加载轻重物
减速器有较大的异常噪声	润滑不良或拆卸后装载不良，齿轮、轴承等长期过负荷运转破坏	改善润滑情况及装配质量，检查配换零件
限位器失灵或限位器位置不合适	限位杆上停止块松动或位置不当，电源错相；限位器故障	紧固或调节停止块，改正电源检查限位器
电机温升超过铭牌限度	润滑油失效或漏失以及机械损耗过大；吊重过载或作业过频；电源电压波动过大，制动轮串动间隙太小	改善润滑；检查重物。如电葫芦使用超过4h/d，则改换大起重量葫芦，检查电源；重新调制动机构
小车车轮打滑	工字钢踏面被漆、油覆盖或主动车轮对工字钢轮压不够	清楚覆盖物，改善踏面接触情况

隔膜压滤机常见设备故障及处理方法见表11－6。

表 11－6　隔膜压滤机常见设备故障及处理方法

故障现象	故障原因	处理方法
滤板间漏液	进料泵流量和压力超高	调整流量和压力
	滤板密封面杂物	清除干净
	滤布不平整或有折叠	整理滤布
	油缸压紧压力不够	调整油缸压紧力
油压不足	溢流阀堵塞或损坏	清洗或更换
	油位过低	补充液压油
	油泵损坏	更换油泵
	油泵出油孔和阀块接头处漏油	紧固或更换 O 形圈
	油缸内密封圈损坏	更换密封圈
	电磁换向阀漏油	清洗或更换
保压失灵	电磁球阀堵塞或损坏	清洗或更换
	液位单向阀堵塞或损坏	清洗或更换
	油缸密封圈磨损	更换密封圈
滤板破裂	松开时未排隔膜压榨水	先排水后松开
	过滤时进料压力过高	调节回流管降低压力
	进料温度过高	降温或更换高温滤布
	进料速度过快和不稳定	调整进料速度
	进料浓度过高和不稳定	调节浓度
	滤板进料口堵塞	清除干净
	滤布破损，出液口堵塞	更换滤布
滤液不清	滤布破损或选型不当	更换滤布
主梁弯曲	压紧系统端自由度不够	重新安装
	滤板排列与压紧板端面不平行，板间有杂物	将滤板在尾板处排齐，清除滤板间杂物

电解槽常见设备故障及处理方法见表 11－7。

表 11－7　电解槽常见设备故障及处理方法

故障现象	故障原因	处理方法
槽体变形	装槽太紧	岗位装槽时以固定隔膜架为准，避免太紧
	吊车拉拽	吊车工开吊车时注意作业
	电解槽使用超过寿命	更换新电解槽
电解槽渗漏	槽内防腐层损坏	停用电解槽，并进行防腐
	电解槽达到使用寿命	更换新电解槽
	残极掉落砸伤底部	停用电解槽，并进行防腐作业
槽头槽底预埋管损坏	作业时碰撞损坏	停用电解槽，并进行防腐作业
	拔槽底堵子时用力过猛	停槽，将底部挖开，重新预埋
导液管损坏	阳极出装时碰撞损坏	停槽，重新安装

12 镍湿法精炼基础知识

在硫化镍阳极的电解过程中，为了防止杂质在阴极上析出，采取隔膜电解的工艺，并对阳极电解液进行净化处理，再返回作为阴极电解液使用。净化过程的目的主要是除去铁、钴、铜、铅、锌等，并保持溶液体积的稳定和溶液钠离子的平衡。

12.1 阳极液净化的流程

首先用空气将电解液中 Fe^{2+} 氧化成 Fe^{3+}，然后水解沉淀即可除去大部分的铁，滤渣加 H_2SO_4、Na_2CO_3、$NaClO_3$，采用黄钠铁矾法进一步除铁，所得滤液返回。除铁后的滤液调整 pH 值到 3.5 以下，加镍粉除铜。除铜后的滤液用 Na_2CO_3 调整 pH 值为 4.8，再通氯气作为强氧化剂除钴，使 Co^{2+} 氧化成 Co^{3+}，然后水解成氢氧化物沉淀。在氯气氧化除钴的同时，杂质铅、锌可用共沉淀法脱除，即 Pb 也被氧化成 PbO_2，还有部分镍被氧化成 $Ni(OH)_3$，PbO_2 微粒 $Ni(OH)_3$ 沉淀吸附除去。铅、锌的脱除在我国也采用离子交换法，即利用在含有较多的 Cl^- 的溶液中，使 Zn^{2+} 与 Cl^- 结合生成 $ZnCl_4^{2-}$ 配合物离子，再用 717 阴离子交换树脂可将锌除去，微量的铅也可同时除去。

12.2 电解液的循环

镍电解的电解液是闭路循环系统，电解液体积会因蒸发、滤渣带走及抽取部分溶液制备碳酸镍而不断减少。而且为了调整电解液的 pH 值，净化时要向电解液中加入 Na_2CO_3，所以溶液的钠离子浓度不断提高。因此，净化过程中要定期排出一定的钠盐，方法之一是抽取部分溶液制取碳酸镍，用碳酸镍作中和剂返回电解液循环系统，沉淀出碳酸镍的溶液含有大量的 Na^+，将其除去，即保持了钠离子的平衡。另一种方法是从闭路循环的电解液中抽取部分进行冷却结晶，使钠盐成为结晶排除。

12.3 净化方法及流程的选择

镍电解过程的主要杂质为铁、铜、钴三种元素，同时根据阳极原料的不同，有时还含有铅、锌、锰等。但由于这些杂质在阳极中的含量不同，所以阳极液中的含量也不同，采用的净化流程也不同。净化铁、铜杂质以及在除钴中通常采用的中和水解法、硫化沉淀法等，实质就是使上述几种杂质在特定条件下生成沉淀排出系统之外，从而达到净化的目的，此法称为化学沉淀法，该种方法为有渣工艺。随着有机化学的不断发展，各种离子交换树脂及萃取剂不断产生，利用对各种重金属元素交换容量及分配系数的不同，从而就形成了一种无渣净化工艺。此种新净化工艺的特点就在于无渣，工人劳动强度小，自动化程度高，便于控制。

除铁的方法很多，有中和水解法、黄钠（钾）铁矾法、萃取法、离子交换法等，各种方法都有自己的使用范围和条件。一般认为，当溶液含铁离子大于1g/L时，采用黄钠铁矾法除铁较理想；若含铁离子小于0.1g/L时，可采用离子交换法、萃取法等无渣新工艺；或不单独净化铁，而与钴一起除去；对于含铁为0.1～1g/L的溶液，一般都采用中和水解沉淀法除铁。

在镍电解生产中，阳极液的含铁量通常在0.1～0.5g/L，因此一般用中和水解沉淀法为好。

12.3.1　氧化中和除铁

具体操作即为将电解液加热到333～343K，鼓入空气，把Fe^{2+}氧化成Fe^{3+}，加入$NiCO_3$调节溶液pH值至3.5～4.2，使Fe^{3+}水解生成$Fe(OH)_3$沉淀除去。因此除铁过程包括亚铁离子氧化和三价铁水解反应：

$$2Fe^{2+} + O_2 + 2H^+ = 2Fe^{3+} + H_2O$$

$$2Fe^{3+} + 6H_2O = 2Fe(OH)_3\downarrow + 6H^+$$

其总反应为：

$$2Fe^{2+} + O_2 + 5H_2O = 2Fe(OH)_3\downarrow + 4H^+$$

除铁过程有H^+生成，须在鼓风同时加入中和剂。以$NiCO_3$作除铁中和剂：

$$4H^+ + 2NiCO_3 = 2Ni^{2+} + 2CO_2\uparrow + 2H_2O$$

提高反应pH值可以加速除铁反应，但pH值过高会引起渣含镍升高。

溶液中铜离子的存在，可以加速Fe^{2+}的氧化反应。这是因为铜离子在Fe^{2+}的氧化过程中起传递电子的作用：

$$Cu^+ - e = Cu^{2+}$$

$$Cu^{2+} + Fe^{2+} = Cu^+ + Fe^{3+}$$

净化水解铁渣又可带走溶液中总铜量的1/3～2/5，减轻了除铜负担。

在除铁过程中，由于Ni^{2+}、Co^{2+}的电位较空气中的氧气的电位正，所以Ni^{2+}、Co^{2+}不会氧化，但部分Ni^{2+}会以复盐的形式水解沉淀：

$$3NiSO_4 + 4NiCO_3 + 4H_2O = 3NiSO_4 \cdot Ni(OH)_2\downarrow + 2CO_2\uparrow$$

$Fe(OH)_3$具有很强的吸附性，在除铁过程中，一定量的锌能与$Fe(OH)_3$产生共沉淀而被除去。

同时部分铜也会水解沉淀：

$$3CuSO_4 + 2NiCO_3 + 2H_2O = CuSO_4 \cdot Cu(OH)_2\downarrow + 2NiSO_4 + 2CO_2\uparrow$$

反应温度和反应时间也对除铁过程带来一定影响。提高溶液温度，适当延长搅拌时间，都可促使$Fe(OH)_3$沉淀颗粒长大，因而有利于液固分离。

金川公司净化除铁技术操作条件如下：

项 目	操作条件
反应温度/℃	65 ~ 75
反应时间/h	1.5 ~ 2
终点 pH 值	3.5 ~ 4.0
除铁后液含铁/$g \cdot L^{-1}$	<0.01

12.3.2 净化除铜

在镍电解体系中，铜是电解溶液当中的主要杂质之一，其含量一般在 0.1 ~ 1g/L 之间。基于在镍电解液的杂质元素中，铜的电负性最小，硫化物的溶度积为最小，传统中通常采用：置换沉淀法、硫化沉淀法、镍精矿加阳极泥除铜等方法。

12.3.2.1 置换沉淀法

国外通常采用镍粉置换法除铜，此法的优点是既除掉了铜，又补充了镍。反应为：$Ni + Cu^{2+} = Cu + Ni^{2+}$ 为了提高除铜的效果，通常加入一些硫黄来加速除铜过程，反应如下：$Cu^{2+} + S + Ni = CuS + Ni^{2+}$ 此外为了增大镍粉的表面活性，要求镍粉要足够细。

12.3.2.2 硫化沉淀法

国内采用的方法主要为硫化氢除铜和镍精矿加阳极泥法除铜。此种方法是利用在镍电解液的各种元素中，铜的硫化物溶度积为最小，且与镍、钴等主金属硫化物的差别较大，因此使得 Cu^{2+} 以 CuS 沉淀的形式除去。硫化沉淀法一般以 H_2S 作沉淀剂，过程的 pH 值为 1.8 ~ 2.5，其反应为：

$$Cu^{2+} + H_2S = CuS + 2H^+$$

在反应过程中，硫化氢气体能高度均匀地分散溶解于除 Fe 后液中，这样 S^{2-} 能与 Cu^{2+} 有效、充分地均匀接触生成无数的 CuS 沉淀晶核，这些晶核在反应过程中通过自身地运动和扩散碰撞，吸附而长大，最终沉淀于底部达到渣液分离的目的。

Na_2S 也可作沉铜剂，其反应机理与 H_2S 相同，但因会引起体系 Na^{2+} 的升高，故一般不采用。

H_2S 气体一般由 Na_2S 溶液与稀 H_2SO_4 溶液反应产生，硫化氢气体通入溶液，溶液中的 Cu^{2+} 即与 H_2S 反应生成 CuS 沉淀，经过滤，铜便从溶液中除去，为防止硫化氢溢出，除铜在负压下操作。为了抑制 Ni^{2+} 和 Co^{2+} 因形成 NiS 和 CoS 沉淀而进入除铜渣中，除 Cu 过程的 pH 值应控制在 2 以下。

除 Cu 过程技术条件：

项 目	控制条件
除 Cu 过程溶液温度/℃	>60
H_2S 发生器负压值/MPa	$(0 \sim 3) \times 10^{-2}$
反应室负压值/MPa	$(0 \sim 2.5) \times 10^{-2}$

H_2S 发生器温度/℃	33～55
除 Cu 前液含 Cu/g · L^{-1}	<1
除 Cu 后液含 Cu/g · L^{-1}	≤0.005
Na_2S 溶液浓度/g · L^{-1}	200～240
H_2SO_4 浓度/%	55～57

但是此法有一个缺点，那就是 H_2S 气体有剧毒。若泄漏，易造成人身事故。此外 H_2S 气体的通入量也要严格进行控制，否则 Ni^{2+} 和 Co^{2+} 也要沉淀析出。

12.3.2.3　镍精矿加阳极泥除铜等方法

20 世纪 50 年代初出现了将二次镍精矿（或硫化镍残极加工磨细）加入电解液中进行除铜的方法。镍精矿取代法也是利用 CuS 与 NiS 之间巨大的溶度积差异，以二次镍精矿中的镍取代电解液中的铜，使 Cu^{2+} 生成 CuS 沉淀，该方法一直被金川公司所采用，其主要反应是：

$$Ni_3S_2 + Cu^{2+} = CuS + NiS + 2Ni^{2+}$$

但是此反应进行缓慢，而且脱铜效率不高，为了提高脱 Cu 效率，加快反应速度，在加入镍精矿的同时必须加入适量的硫黄（金川公司采用含硫 90% 左右的阳极泥代替硫黄）。其反应为：

$$Ni_3S_2 + 3Cu^{2+} + S = 3CuS + 3Ni^{2+}$$

实践证明，在用镍精矿加入硫黄或阳极泥后，其除 Cu 效率可提高 40%～50%。

12.3.3　净化除钴

镍电解液中的杂质元素钴，其性质与镍相近，而金属镍中一定量的钴量对镍的性质并无太大的影响，因此，世界各国在计算金属镍的品位时，大多是将镍和钴同时计算的。但是由于钴是一种极有价值的金属，为了提高钴的回收率，一般应尽可能地将钴富集起来，为下一步提钴创造条件。镍电解体系中，除钴方法一般有：中和水解法、溶剂萃取法及“黑镍”氧化水解除钴法等。

12.3.3.1　中和水解法除钴

中和水解法除 Co 的基本原理与除 Fe 相似，但 Co^{2+} 较 Fe^{2+} 难氧化，Co^{3+} 较 Fe^{3+} 难水解沉淀，因此除 Co 比除 Fe 要困难，需要比空气更强的氧化剂，沉淀 pH 值也较高。当采用氯化物电解质或氯化物—硫酸盐混合电解质时，常用氯气作氧化剂。当采用纯硫酸盐体系为电解质，则常用黑镍（NiOOH）除钴。

12.3.3.2　氯气氧化中和水解法除钴

金川公司镍电解液净化除 Co 采用氯气氧化中和水解法，溶液中钴通过水解沉淀富集于钴渣中，此钴渣则作为钴车间的提钴原料，其钴渣成分（%）为：Co 10～15，Ni 25～30，还有少量的 Cu、Fe 等。

氯气的氧化性较氧气强，利用钴和镍的氧化还原电位和水解 pH 值的差异，可使用氯

气将 Co^{2+} 优先氧化成 Co^{3+}，并使 Co^{3+} 水解生成难溶的 $Co(OH)_3$ 沉淀，达到除钴的目的，其反应为：

$$2CoSO_4 + Cl_2 + 6H_2O \longequal 2Co(OH)_3 \downarrow + 2H_2SO_4 + 2HCl$$

为了促进反应向右进行，在除钴氧化水解过程中，加碳酸镍（或 Na_2CO_3）中和反应所产生的酸：

$$2H_2SO_4 + 2HCl + 3NiCO_3 \longequal 2NiSO_4 + NiCl_2 + 3H_2O + 3CO_2 \uparrow$$

综合上述两个反应，则除钴过程总反应为：

$$2CoSO_4 + Cl_2 + 3NiCO_3 + 3H_2O \longequal 2Co(OH)_3 \downarrow + 2NiSO_4 + NiCl_2 + 3CO_2 \uparrow$$

在除钴的同时，残留在溶液中的镍也会发生类似反应：

$$2FeSO_4 + Cl_2 + 3NiCO_3 + 3H_2O \longequal 2Fe(OH)_3 \downarrow + 2NiSO_4 + NiCl_2 + 3CO_2 \uparrow$$

在除钴后期，当 pH 值提高到 4.5 ~5.0 时，溶液中的其他杂质铜、锌、铅等也会水解沉淀：

$$ZnSO_4 + 2H_2O \longequal Zn(OH)_2 \downarrow + H_2SO_4$$

$$CuSO_4 + 2H_2O \longequal Cu(OH)_2 \downarrow + H_2SO_4$$

$$PbCl_2 + 2H_2O \longequal Pb(OH)_2 \downarrow + 2HCl$$

另外，部分铅还会被氧化成过氧化铅沉淀析出：

$$PbCl_2 + 2H_2O + Cl_2 \longequal PbO_2 \downarrow + 4HCl$$

除钴过程中虽然 Ni^{2+} 的氧化还原电位比 Co^{2+} 略高，但由于溶液中 Ni^{2+} 的浓度远远大于 Co^{2+} 的浓度，所以在 Co^{2+} 水解的同时，部分 Ni^{2+} 也相应地会发出与 Co^{2+} 相类似的反应：

$$2NiSO_4 + Cl_2 + 3NiCO_3 + 3H_2O \longequal 2Ni(OH)_3 \downarrow + 2NiSO_4 + NiCl_2 + 3CO_2 \uparrow$$

无疑此反应将造成镍的损失，使钴渣合镍量升高，但又由于反应：

$$Ni(OH)_3 + CoSO_4 \longequal Co(OH)_3 \downarrow + NiSO_4$$

因此在一定程度上能减少部分镍的损失。

12.3.3.3 影响除钴效率的因素

影响除钴效率的因素较多，其中较为主要的有：

（1）通氯气方式。镍电解液中钴的含量较低 0.1 ~0.3g/L，所以用气态氯通入溶液中氧化钴时，氯气的利用率较低。因此，氯气在溶液中的分散度必将影响溶液的除钴效率，氯气在溶液中分散得愈好则钴氧化得愈完全。

（2）过程 pH 值的控制。除钴过程中调整好 pH 值对提高除钴效率也很重要。除钴前液 pH 值一般调到 4.5 ~5.0，其目的在于中和其反应所产生的酸，使氯气尽可能被溶液完全吸收，使低价钴被氧化完全。净化前液如果 pH 值过低，将影响氯气的吸收，出现溶液通不进氯气的现象，通氯气后的溶液，其 pH 值一般维持 3.5 ~4.0。反应终了时，为了使 Cu、Pb、Zn 等杂质进一步产生水解沉淀，仍需将 pH 值再提高到 4.5 ~5.0。

（3）中和剂的使用。除钴过程所用中和剂采用 $NiCO_3$ 或 Na_2CO_3，出于体系中镍、钠及溶液体积平衡的需要，使用 $NiCO_3$ 较好。由于除钴所使用的氯气是强氧化剂，为了防止镍大量的氧化水解，因此中和剂 $NiCO_3$ 应尽量避免集中加入溶液，以防出现局部新溶液 pH 值过高，而造成镍的损失。实际生产中，既要保证净化除钴质量，又要降低钴渣含镍量与材料消耗，因此必须控制好除钴通氯前溶液 pH 值和溶液的氧化还原电位。

净化除钴技术操作条件：

项　目	技术条件
反应温度/℃	60 ~ 70
通氯前溶液 pH 值	4.5 ~ 5.0
氧化还原电位/mV	1050 ~ 1100
除钴终点溶液 pH 值	4.5 ~ 5.0

12.3.4　共沉淀法除微量铅锌

所谓共沉淀法，就是可溶性物质，被他种物质所诱导，成为沉淀的作用，共沉淀分为两种：吸附共沉淀法和结晶共沉淀。结晶共沉淀也称为共晶沉淀法。在电解质溶液中，当有两种能于电解质共存。并且它们的晶格结构又相同时，则在适当的条件下，它们可以形成晶形结构相同的沉淀从溶液中一起沉淀下来，这种现象称为共晶共沉。

镍钴冶炼中多采用吸附共沉淀除杂质。在氯气氧化中和水解除钴过程中，钴被氧化的同时，铅和部分镍也被氧化，生产 PbO_2 和 $Ni(OH)_3$ 形成共沉淀，被 $Ni(OH)_3$ 沉淀吸附而除去。另外，在氯气除钴过程中，将除钴终点 pH 值提高到 5.5 ~ 5.8，锌也能与镍的水合物以同晶形共沉淀的方式从溶液中除去。用共沉淀法除铅锌工艺的优点是不增加工序，除铅锌与除钴在一个工序内完成。缺点是渣量大，渣含镍高。

13 电解镍产品质量标准

电解镍品号及化学成分见表 13 – 1。

表 13 – 1　电解镍品号及化学成分　　（质量分数/%）

牌　号			Ni9999	Ni9996	Ni9990	Ni9950	Ni9920
化学成分	Ni + Co(不小于)		99.99	99.96	99.90	99.50	99.20
	其中 Co(不大于)		0.005	0.02	0.08	0.15	0.50
	杂质含量不大于	C	0.005	0.01	0.01	0.02	0.01
		Si	0.001	0.002	0.002	—	—
		P	0.001	0.001	0.001	0.003	0.02
		S	0.001	0.001	0.001	0.003	0.02
		Fe	0.002	0.01	0.02	0.2	0.5
		Cu	0.0015	0.01	0.02	0.04	0.15
		Zn	0.001	0.0015	0.002	0.005	—
		As	0.0008	0.0008	0.001	0.002	—
		Cd	0.0003	0.0003	0.0008	0.002	—
		Sn	0.0003	0.0003	0.0008	0.0025	—
		Sb	0.0003	0.0003	0.0008	0.0025	—
		Pb	0.0003	0.0015	0.0015	0.002	0.005
		Bi	0.0003	0.0003	0.0008	0.0025	—
		Al	0.001	—	—	—	—
		Mn	0.001	—	—	—	—
		Mg	0.001	0.001	0.002	—	—

电解镍均应洗净表面及夹层内电解液，表面洁净、无污泥油污等。

注：Ni9950、Ni9920 牌号可为不定形电解镍产品。

Ni9999、Ni9996、Ni9990 牌号电解镍应符合以下规定：

（1）电解镍平均厚度不应小于 3mm。

（2）电解镍边缘不得有树枝状结粒及密集气孔（允许修整）。

（3）电解镍表面不得有直径大于 3mm 的密集气孔，直径 3mm 密集气孔区总面积不得超过镍板单面面积的 15%。

（4）电解镍表面高度大于 3mm 的密集结粒区总面积不得超过镍板单面积的 15%。

注：25mm × 25mm 镍板面积上有 9 个以上气孔或结粒称为密集气孔区或密集结粒区。

复习题

13－1　填空题

（1）电镍标准中 Ni9996 对铅、锌、铜含量的要求分别是（　　）%、（　　）%、（　　）%。

答：0. 0015；0. 002；0. 015

（2）Ni9996 电解镍中，镍钴之外的其他元素含量不大于（　　）%。

答：0. 04

13－2　选择题

（1）下列哪种元素含量偏高不会对电解镍的性能产生影响（　　）。

A. 铅　　B. 碳　　C. 硫　　D. 钴

答：D

（2）Ni9996 电解镍标准中，锌元素的含量不大于（　　）%。

A. 0. 001　　B. 0. 0015　　C. 0. 002　　D. 0. 00035

答：C

13－3　简述题

（1）新液含铜超标对电镍质量有何影响？

答：

新液含铜高于标准时，会造成电镍化学成分波动，新液含铜长时间超标，会导致电镍含铜超标，产品降号，影响电镍品级率。

（2）电解液循环速度的大小对电镍产品质量有何影响？

答：

循环速度过大，会增加净化工序送液量，同时增加生产成本；循环速度过小，易引起隔膜内镍离子贫化，出现氢氧化镍，影响电镍质量。

（3）电解镍 Ni9990 以上产品对物理外观质量有哪些要求？

答：

1）电解镍均应洗净表面及夹层内电解液，表面洁净、无污泥油污等。

2）Ni9999、Ni9996、Ni9990 牌号电解镍应符合以下规定：

① 电解镍平均厚度不应小于 3mm；

② 电解镍边缘不得有树枝状结粒及密集气孔（允许修整）；

③ 电解镍表面不得有直径大于 3mm 的密集气孔，直径 3mm 密集气孔区总面积不得超过镍板单面面积的 15%；

④ 电解镍表面高度大于 3mm 的密集结粒区总面积不得超过镍板单面积的 15%。

13-4 案例分析

某电解厂房抢产量任务，将生产电流提高到 14000A 进行生产，结果所产电镍板面粗糙，品级率下降，根据这一现象分析电流控制与产品质量的关系。

答：

由 $D_k = I/S$ 可知，电流的控制与电流密度密切相关。在可溶阳极电解工艺中，根据目前电解槽的阴阳极配置，电解的极限电流密度在 230A/m^2 左右，当电流提到 14000A 时，电流密度已超过 240A/m^2，在如此高的电流密度下阴极上沉积物必然是没有质量可言的。

14 镍电解精炼主要经济技术指标

14.1 电解主要经济技术指标

镍电解车间的主要技术经济指标由金属回收率、各种渣率以及能量和原材料的消耗等三大部分组成，其中较为主要的有镍的总收率、直收率、电能消耗、电流效率及残极率。通过对上述指标的分析可以判断出该车间水平的高低。

14.1.1 镍回收率

镍电解车间镍的回收率是一项综合考核指标，它不仅反映了车间的技术水平及经济效益，而且也反映出车间的管理水平。镍电解车间的回收率可分为镍的总收率和镍的直收率两项指标。

所谓镍的总收率是指镍电解产出合格电镍的含镍量与消耗的物料含镍之比；它反映了镍电解过程中镍的回收程度，其计算公式如下：

$$\eta_{总} = \frac{W_{Ni}}{W_1 \pm W_2 - W_3} \times 100\%$$

式中 W_{Ni}——产出电镍含镍量，t；

W_1——转入阳极含镍量，t；

W_2——期初、期末槽存阴、阳极及电解液含镍量的差额，t；

W_3——各种可回收物料的含镍量，t。

14.1.2 镍直收率

镍的直收率是反映镍电解过程中直接产出的合格电镍含镍量的回收程度，它的计算公式如下：

$$\eta_{总} = \frac{W_{Ni}}{W_1 \pm W_2} \times 100\%$$

对比上述两个计算公式，可看出总收率与直收率计算上的不同，即在于差一个可回收物料含镍量的影响。

在管理较好的镍电解车间其总收率一般可以达到98%以上，因此只要加强管理，防止镍形成不可回收的损失（如含镍溶液外流、渗入地下等），那么总收率一般是可以保证的，但是直收率都受“各种可回收物料含镍量”大小的影响，一般只有60%～75%；所谓“各种可回收物料”系镍电解生产（包括净化工序）中所产出的残极、各种渣、阳极泥、海绵铜及各种含镍废料中的含镍量。这些含镍上升，无疑将使直收率大幅度下降；因此为了缩小 $\eta_{总}$ 与 $\eta_{直}$ 的差距，应尽量降低 W_3 的值。

因此，降低残极率，降低铜、铁、钴渣及阳极泥、海绵铜的含镍量，减少各种含镍废料量将有助于直收率的提高。

14.1.3 残极率

残极率一般控制在22.5% ~23.5%范围内。残极率的高低主要与阳极板进入量、残极产量的大小密切相关，而残极产出量与阳极板物理外观质量、平稳控制的生产电流、阳极电流效率、合理的出装计划、槽面精细化操作、物料拉运及检斤计量准确等诸多因素有关。

14.1.4 电能消耗

电解能耗是表征镍电解过程技术操作水平和经济效益好坏最重要的指标之一。电能消耗是指电解过程中，阴极析出单位质量的金属所耗掉的电能量。如前所述，析出金属的实际产量（G）= 理论析出量（qIt）× 电流效率（η）。假设 W 为单位电能消耗量，其计算式为：

$$W = \frac{IU_{槽}t}{qIt\eta} = \frac{U_{槽}}{q\eta}$$

式中 W——电能消耗，$kWh \cdot t^{-1}$；

$U_{槽}$——槽电压，V；

η——电流效率，%；

q——电化当量，1.0954×10^{-3}kg 镍/(A · h)。

例如：电解车间电流效率98%，平均槽电压为3.6V，那么1t电解镍的电能消耗为：

$$W = \frac{3.6}{1.0952 \times 10^{-3} \times 0.98} = 3353 kW \cdot h/t$$

硫化镍阳极电解精炼的电能消耗一般为3800 ~4000kW · h/t 镍。如果还换算成交流电则由于要加上硅整流站、母线和溶液漏电等损失，电能消耗更高，每吨镍要消耗到4200 ~ 4400kW · h。这个电耗数字也包括造液电解的自流和酸泵、照明、吊车等用电。

电能消耗与槽电压成正比，与电流效率反比。因此，凡有利于降低槽电压，有利于提高电流效率的因素，均能起降低电能消耗的作用。

14.2 电溶造液主要经济技术指标

造液过程的主要技术经济指标包括残极率、海绵铜产率和能源消耗等。

14.2.1 残极率

由于造液槽生产电流较低，阳极周期相对较长，所以对残极率的控制也相应较低。过高的残极率会缩短阳极周期，增加造液槽出装次数，同时会增加物料周转量和熔铸加工成本；而过低的残极率影响造液效率，所以，在实际生产中造液槽残极率一般要求控制在18% ~20%较为合适。

14.2.2 海绵铜产率

海绵铜的产率与原料含铜量有直接关系，同时也与造液效率的高低有关。当阳极板、镍精矿、外来液等原料含铜符合企业中间产品标准时，海绵铜产量约70kg/t镍。

14.2.3 电溶造液能耗

电溶造液的能耗主要指水、电、汽的消耗。水主要用于槽面接触点的冲洗、掏槽后槽底的冲洗以及煮皂角和浆化碳酸钡用水等。电能消耗包括造液槽直流电、溶液输送泵动力电以及厂房照明用电等用电消耗。蒸汽在造液工序的消耗量很小，仅用于皂角的加温溶解和冬季厂房采暖。

14.3 电积主要经济技术指标

镍电解车间的主要技术经济指标由金属回收率、各种渣率以及能量和原材料的消耗等三大部分组成，其中较为主要的有镍的总收率、直收率、电能消耗、电流效率。

14.3.1 回收率

镍电积回收率，是指镍电积产出合格电镍的含镍量与消耗的物料含镍量之比；它反映了镍电积过程中镍的回收程度，其计算公式如下：

$$\eta_{总} = \frac{W_{Ni}}{W_1 \pm W_2 - W_3} \times 100\%$$

式中 W_{Ni}——产出电镍含镍量，t；

W_1——进入体系原料镍量，t；

W_2——期初、期末槽存阴、阳极及电积液含镍量的差额，t；

W_3——各种可回收物料的含镍量，t。

14.3.2 直收率

镍电积直收率，是反映镍电积过程中直接产出合格电镍含镍量的回收程度，它的计算公式是：

$$\eta_{直} = \frac{W_{Ni}}{W_1 \pm W_2} \times 100\%$$

式中 W_{Ni}——产出电镍含镍量，t；

W_1——进入体系原料镍量，t；

W_2——期初、期末槽存阴、阳极及电积液含镍量的差额，t。

14.3.3 电流效率

在电积过程中电流效率包括阴极电流效率和阳极电流效率两个方面。在有色冶金过程中，由于阴极沉积物是车间的产品，因此在生产过程中所指的电流效率大多是指阴极电流效率。

所谓阴极电流效率就是指在阴极上实际沉积的金属量与通过同一电量时应得的理论金属量之比值，在实际生产中，该值一般为91%～94%。

阴极电流效率的计算根据前述定义，可由下式计算：

$$\eta = \frac{b}{Iqt} \times 100\%$$

式中 b——阴极实际析出的金属量，g；

q——电化当量，g/(A·h)；

t——阴极沉积时间，h；

I——工作电流强度，A。

14.3.4 电流密度

电流密度是指单位电极面积上通过的电流强度。其计算公式为：

$$D_{K.} = \frac{I}{S}$$

式中 D_K——电流密度，A/m^2；

I——电流强度，A；

S——阴极（或阳极）的总面积，m^2。

电流密度不仅影响电镍的产量，而且影响电镍的质量。

14.3.5 电镍品级率

电镍品级率，是指合格电镍产量中的某品级电镍产量所占的百分比。

$$\text{电镍品级率（\%）} = \frac{\text{某品级电镍产量（t）}}{\text{合格电镍产量（t）}} \times 100\%$$

14.3.6 直流电单耗

$$\text{直流电单耗(kW·h/t 镍)} = \frac{\text{本期消耗直流电量(kW·h)} \pm \text{期初期末在制品消耗直流电量差额(kW·h)}}{\text{电镍产量(t)}} \times 100\%$$

14.3.7 材料消耗

$$\text{纯碱单耗(kg/t 镍)} = \frac{\text{本期纯碱用量(kg)} \pm \text{期初期末在制品消耗纯碱差额(kg)}}{\text{电镍产量(t)}} \times 100\%$$

$$\text{工业硫酸单耗(kg/t 镍)} = \frac{\text{本期工业硫酸用量(kg)} \pm \text{期初期末在制品消耗工业硫酸差额(kg)}}{\text{电镍产量(t)}} \times 100\%$$

$$\text{试剂硫酸单耗(kg/t 镍)} = \frac{\text{本期试剂硫酸用量(kg)} \pm \text{期初期末在制品消耗试剂硫酸差额(kg)}}{\text{电镍产量(t)}} \times 100\%$$

$$\text{萃取剂单耗(kg/t 镍)} = \frac{\text{本期萃取剂用量(kg)} \pm \text{期初期末在制品消耗萃取剂差额(kg)}}{\text{电镍产量(t)}} \times 100\%$$

$$\text{液碱单耗(kg/t 镍)} = \frac{\text{本期液碱用量(kg)} \pm \text{期初期末在制品消耗液碱差额(kg)}}{\text{电镍产量(t)}} \times 100\%$$

复 习 题

14－1 填空题

（1）生产中残极率与（ ）、（ ）、（ ）、（ ）等有关。

答：阳极板质量；阳极周期；出槽计划；生产操作

(2) 镍电解生产过程中，残极率越高，则直收率（　　）。

答：越低

(3) 生产槽的残极率一般控制在（　　）%，而造液槽的残极率控制在（　　）%。

答：22～23.5；16～18

(4) 硫化镍电解精炼过程涉及的能源消耗包括（　　）、（　　）、（　　）。

答：水；电；汽

(5) 随着电流密度的提高，槽电压也会相应（　　），电耗也随之（　　），同时也相应提高了生产能力。

答：增大；升高

(6) 硫化镍阳极电解过程的槽电压与溶液成分、（　　）、（　　）、（　　）等因素有关。

答：阳极板成分；阳极周期；电流大小

14－2 选择题

(1) 对镍电解车间直收率影响最大的是（　　）。

A. 钴渣　　B. 残极　　C. 海绵铜　　D. 二次铁渣

答：B

(2) 对镍电解直收率影响最大的是下列哪种物料（　　）。

A. 钴渣　　B. 残极　　C. 阳极泥　　D. 铁矾渣

答：B

(3) 镍电解车间镍的直收率要求大于（　　）。

A. 65%　　B. 75%　　C. 70%　　D. 80%

答：B

14－3 判断题

(1) 电流密度只与电镍的产量有关，对电镍的质量没有直接的影响。（　　）

答：×

(2) 镍电解车间直收率控制在76%以上。（　　）

答：√

(3) 残极率高低，对直收率影响不大。（　　）

答：×

(4) 阴极电流效率高则电能消耗就低。（　　）

答：√

(5) 对镍电解车间直收率影响最大的是钴渣。（　　）

答：×

(6) 槽电压上升的主要原因是阳极泥加厚，造成内阻升高。（　　）

答：√

14－4 简述题

阳极周期、残极率、电能消耗之间有何关系？（重点题）

答:

周期过长，残极率就偏低，槽电压升高高，电能消耗增加。

14-5 论述题

(1) 如何进一步提高镍的总收率?

答:

1) 加强净化三段操作，严格控制技术条件，降低渣含镍。

2) 做好电解出槽计划，合理控制好电解、造液的残极率指标。

3) 做好各种渣的处理及洗涤工作。

(2) 试述残极率的控制措施。

答:

1) 保证阳极板质量，薄厚要均匀。

2) 根据生产电流调整好阳极出槽计划，将电解槽残极率控制在 22% ~24%，造液槽残极率控制在 18% ~20%。

3) 提高槽面精细化操作水平，绞铜线作业时铜线不能绞得太高，尽可能使阳极板两耳中间的上边部与阳极液面平齐。

4) 甩残极时阳极泥要刮干净，阳极泥不能混入残极外付。

5) 电解槽冒烟吊出的阳极板送到造液槽继续电解使用。

(3) 电解精炼过程中电耗在成本结构中占有相当大的比例，请就如何降低直流电单耗谈谈自己的看法。

答:

1) 阴阳极接触点要擦拭干净，保证阴阳极导电良好，降低各接触点的电压降。

2) 根据生产电流做好阳极出装计划，控制好残极率。

3) 阳极泥要刮干净。

4) 定期掏槽，防止电解槽内阳极泥、残极与隔膜袋粘连。

5) 做好电解槽的对地绝缘，杜绝溶液渗漏，减少电解槽漏电。

(4) 谈谈残极率的控制在镍电解生产中的重要意义。

答:

残极率是镍电解生产中的一项重要经济技术指标，残极率的高低直接影响车间的镍直收率及电镍产品质量。控制好残极率具有以下重要意义:

1) 残极率对镍直收率的影响最大，控制好残极率，可有效提高车间直收率指标。

2) 控制好残极率，可减少镍电解电能消耗，降低电镍生产成本。

3) 控制好残极率，可减少物料周转量，降低熔铸对阳极板的加工成本。

14-6 案例分析

(1) 残极率是电解工序的重要指标之一，残极量的增大会导致残极率的上升，生产中残极产出量偏大时，电解工序该采取哪些调整措施？

答：

1）适当延长阳极出槽计划或提高生产电流。

2）周期内生产电流变化幅度较大时，阳极出装计划要做相应的调整，二者要同步进行。

3）保证阳极绞铜线质量和掏槽后的装槽质量，以铜线根部露出阳极液面为宜，减少残极产出量。

4）调整回液流量，适当提高阳极液面。

（2）某月某电解工序直流电单耗偏高，根据现场经验，分析可能造成电耗上升的几种因素。

答：

1）电解槽槽体漏液或绝缘墩破损造成的电解槽漏电。

2）刮阳极泥操作不精细，阳极泥未刮干净。

3）未及时掏槽，槽底阳极泥过多。

4）接触点未擦干净，电阻增大。

5）溶液体系离子浓度失衡，导电性变差。

14-7 综合分析题

（1）从工艺角度说明镍电解生产过程中镍的来源与走向。

答：

镍的来源包括阳极板、镍精矿带入的镍量及少量的外来液中的镍量，其中阳极板中的镍量是主要来源；镍的去向包括电镍、残极、各类渣中的镍量及微量的镍损失，其中电镍中的镍量是主要支出部分。

（2）归纳镍电解生产中提高生产槽单槽产能的措施。

答：

1）在技术条件允许的情况下进行高电流生产。

2）减少出装作业的横电时间。

3）保证新液镍离子浓度和循环量。

4）保证阴、阳极导电良好。

5）及时调整出装和掏槽计划，保证电解槽槽况良好。

（3）在镍电解生产中，如何做好体积平衡工作？

答：

1）严禁生产无序用水，要根据体系总体积大小及镍离子浓度高低计划用水。

2）加强碳酸镍的制作，保证上清液外排量。

3）根据生产体积情况，合理控制外来液进入量。

4）减少溶液落地，杜绝溶液跑、冒、滴、漏及长流水现象。

参 考 文 献

[1] 李荻．电化学原理［M］．北京：北京航空航天大学出版社，1999.
[2] 杨显万，邱定蕃．湿法冶金［M］．北京：冶金工业出版社，1998.
[3] 何焕华．中国镍钴冶金［M］．北京：冶金工业出版社，2000.
[4] 彭荣秋．镍冶金［M］．长沙：中南大学出版社，2005.
[5] 张家芸．冶金物理化学［M］．北京：冶金工业出版社，2004.

冶金工业出版社部分图书推荐

书 名	定价(元)
新能源导论	46.00
锡冶金	28.00
锌冶金	28.00
工程设备设计基础	39.00
功能材料专业外语阅读教程	38.00
冶金工艺设计	36.00
机械工程基础	29.00
冶金物理化学教程（第2版）	45.00
锌提取冶金学	28.00
大学物理习题与解答	30.00
冶金分析与实验方法	30.00
工业固体废弃物综合利用	66.00
中国重型机械选型手册——重型基础零部件分册	198.00
中国重型机械选型手册——矿山机械分册	138.00
中国重型机械选型手册——冶金及重型锻压设备分册	128.00
中国重型机械选型手册——物料搬运机械分册	188.00
冶金设备产品手册	180.00
高性能及其涂层刀具材料的切削性能	48.00
活性炭-微波处理典型有机废水	38.00
铁矿山规划生态环境保护对策	95.00
废旧锂离子电池钴酸锂浸出技术	18.00
资源环境人口增长与城市综合承载力	29.00
现代黄金冶炼技术	170.00
光子晶体材料在集成光学和光伏中的应用	38.00
中国产业竞争力研究——基于垂直专业化的视角	20.00
顶吹炉工	45.00
反射炉工	38.00
合成炉工	38.00
自热炉工	38.00
铜电解精炼工	36.00
钢筋混凝土井壁腐蚀损伤机理研究及应用	20.00
地下水保护与合理利用	32.00
多弧离子镀 Ti－Al－Zr－Cr－N 系复合硬质膜	28.00
多弧离子镀沉积过程的计算机模拟	26.00
微观组织特征性相的电子结构及疲劳性能	30.00